環境問題への多元的アプローチ
持続可能な社会の実現に向けて
名古屋市立大学現代GP実行委員会 編

目次

はじめに　　005

第1章　バナナ・ペーパー・プロジェクトがめざす持続可能な社会形成へのデザイン　森島 紘史　　007

第2章　化石燃料と代替エネルギー　藤田 美保 / 佐野 充　　021

第3章　経済開発と環境問題　内藤 能房　　033

第4章　ダイナマイト漁の構図　−ダイナマイト漁民とわたしたちの関係性−　赤嶺 淳　　043

第5章　環境政策と規制的手法　−「環境と法」に関する覚書−　井上 禎男　　055

第6章　環境問題解決への経済学的アプローチ　向井 清史　　075

第7章　国際関係の中での環境問題　向井 清史　　087

第8章　環境共生時代のまちづくりリテラシー　鈴木 賢一　　095

第9章　アメリカ合衆国の公有放牧地における生態系保全政策の歴史　奥田 郁夫　　115
　　　−ホームステッド法 (1862) 前後からテーラー放牧法 (1934) にいたる期間を対象として−

第10章　建築・都市の環境とエネルギー　原田 昌幸　　123

第11章　身近なことから始めよう環境の課題　野々 康明　　139

第12章　地方自治体における環境行政の移り変わりと協働の時代　−名古屋市を事例として−　増田 達雄　　149

著者紹介　　159

はじめに

　今日わたしたちは、ひたすら物質的な豊かさを追求した20世紀の暮らしから、持続可能な環境を確保するため、それまでの経済や社会の価値観を再考する分岐点にいます。別の言い方をすれば、循環型社会の形成という新たな時代の指針が明らかになり、21世紀に生きる人類の、進むべき道程が次第に見えつつあるのです。

　この旗印ともなる循環型社会を構築していくには、先ず、私たちを取り巻く環境について、身近な地域から地球規模まで、正しく理解することが大切です。次に、内的環境と外的環境の一貫性をめざすことで、各々が責任ある果たすべき役割をもつことが必須です。そうしてはじめて、経済社会活動を持続的に行いつつ、資源効率を高めて環境負荷を最小限にとどめる循環型社会への第一歩を踏み出せるのです。

　環境保全を重点研究・教育項目のひとつに掲げる名古屋市立大学は、循環型社会構築のために、入学直後から環境についての基礎的素養を身につけるよう学習カリキュラムが組まれています。その授業のひとつ「バナナ・ペーパーを利用した環境教育」が、平成18年文部科学省の現代的教育ニーズ取組支援プログラム（現代GP）に採択されました。

　本書は、その授業を担当する芸術工学、経済学、人文社会学、自然科学の教員9名と、行政とNGOの識者各1名、計11名が、環境問題の背景と、さまざまなアプローチの可能性について概説しています。このように環境における複雑な連関を知るには、産官学の異なる分野や立場からの、多元的アプローチが必要なのです。今こそ多元的社会に共存し、循環型社会の創造する問題解決型人材を育成することも、今日の大学に課せられた重要な使命であり、今日の社会における責任ある役割のひとつといえるでしょう。

　本書を通して、自らの生活を基盤とし、実践的に活動する主体として必要な「統合知」を獲得し、豊かな想像力と行動力をもって、21世紀を闊歩していただきたいと願っています。

名古屋市立大学

芸術工学研究科長・学部長

森島 紘史

第 1 章　バナナ・ペーパー・プロジェクトがめざす
持続可能な社会形成へのデザイン
森島 紘史

1. バナナ・ペーパー・プロジェクト

　バナナ・ペーパー・プロジェクトとは、熱帯地方でゴミとして大量に捨てられているバナナ収穫後の茎から繊維を取り出し、薬品を一切使わずに和紙の技法で「紙」をつくり、途上国の経済開発と環境保全を目指す国際協力プロジェクトです。多年草のバナナは、一度実を付けると、1、2週間で枯れていきます。そのため、バナナ生産国では、実を収穫するとき、巨大な茎を根元で伐り、その場に捨てています。熱帯地方の森林面積が、過去30年間で50％以上消失した今日、年間10億トン余りの捨てられているバナナの茎は、新たな紙資源に変わる可能性を秘めています。それは、産業のない農村部の貧困地帯で暮らす人々にとっては、働く機会を得ることにつながります。日本人にとっても、古くから育んできた和紙漉きの知恵を、海を越えた熱帯地方の国々に伝えることになるのです。

2. 背景
2-1　人為的行為による地球温暖化

　世界各国の科学者5000人が政府の資格で参加して、地球温暖化問題について公式に議論を行う国連環境計画（UNEP：United Nations Environment Programme）および世界気象機関（WMO：World Meteorological Organization）の共催で、1988年に設置された「気候変動に関する政府間パネル（IPCC：Intergovernmental Panel on Climate Change）」は、2007年第4次報告書の中で、地球温暖化がこのまま進行すれば、「今世紀末には、平均気温が最悪6.3℃まで上昇する」と警告しています。

　そして、平均気温が1.5～2.5℃高くなるだけで、地球上の20～30％の生物種が絶滅し、3℃上昇すれば、アジアで700万人以上が洪水の危機に曝され、4℃の上昇では、30億人が水不足に直面し、多くの水生生物が絶滅すると細かく分析し、6.3℃の上昇は、人類が予想できない状況に直面するだろうと詳述しています。さらにこの報告書は、さまざまな意見があるため、明らかにできなかった地球温暖化の原因を、はじめて「人為的行為（人間活動）によるもの」と認めました。

　その後、IPCCの作業部会は、「18世紀の産業革命前より、2～2.4℃の上昇に止める場合は、2015年までに、今日でも、増え続けている排出量を減少に転じさせ、2050年には、少なくとも、半減させなければならない」と本格的な対策をすみやかにとるよう、各国政府に促しています。

　このように、再三、警告が出ているのに関わらず、なぜ、地球温暖化を進行させる人為的行為に、歯止めがかからないのでしょうか？

　1997年12月に京都で開催された「気候変動枠組条約第3回締結国会議（COP3）」では、二酸化炭素など6つの温室効果ガス（＊1）の排出削減義務などを定めた「気候変動に関する国際連合枠組条約の京都議定書（Kyoto Protocol to the United Nations Framework Convention on Climate Change／以後、京都議定書という）」が採択されています。その内容は、EU15カ国は1990年比8％減、アメリカは7％減、日本、カナダなどが6％減の温室効果ガス削減義務を負うもので、2008年から2012年までに先進国39カ国全体で5％削減を目標に掲げました。

　しかし、2001年ブッシュ政権のもとエネルギー消費、CO_2の排出量が世界の4分の1を占めるエネ

（＊1）温室効果ガス

　温室効果ガス（Greenhouse Gas, GHG）とは、石油、石油化学製品などの燃焼から排出された二酸化炭素、光化学スモッグなどを引き起こす一酸化二窒素、メタン、フロン、水蒸気などをいいます。これらの人間活動から排出されるガスは、大気圏にあって、地表から放射された赤外線を一部吸収することにより、大気中濃度を増していくため、地球温暖化の原因として広く認識されています。

（＊2）先進国

　先進国とは、高度な技術水準ならびに生活水準の高い、発展が大きく進んだ国のことを指し、他の国々を途上国といいます。しかし、先進国、途上国を分ける基準は国際機関、世界銀行、米国などにより異なるところから、一般には、経済協力開発機構（OECD）に加盟する、30カ国を先進国と呼びます。

ルギー消費大国アメリカは「地球温暖化の原因は人為的行為とは限らない、温室効果ガス7％減は実現不可能だから、独自の環境対策と途上国支援を実施する」と、京都議定書締結国から一方的に離脱を表明しました。そのため、京都議定書は、新たに「京都メカニズム」の3項目を検討して追加、ロシアを含む140カ国と欧州共同体が批准したことにより、2005年2月16日にようやく発効することになりました。

「京都メカニズム」とは、(1) 排出量取引＝先進国間で排出枠を売買できる制度、(2) 共同実施＝先進国同士で行なう削減事業、(3) クリーン開発メカニズム（CDM：Clean Development Mechanism）＝先進国が途上国において実施した温室効果ガスの排出削減事業から生じた削減分を獲得することを認める制度の3項目からなっています。(1) と (2) は、先進国間の話ですが、(3) は先進国と途上国の国際協力があって、はじめて機能します。例えば、「途上国が紙の原料に森林を100％伐採する予定であったのを、日本の協力および技術移転により、他の再生可能な植物に転換することで、100％の森林が消えずに残った」とすれば、それは日本のポイントとなり、その分の二酸化炭素排出権が獲得できる一方、途上国には日本の技術と森林が残るといった仕組みです。

2-2　先進国と途上国の言い分

世界人口の80％の人びとが暮らす途上国では、1日1ドル以下で生活している低所得者層が15億人を超え、貧困から暮らしに欠かせないエネルギーを買うこともできず、森林樹木を伐採して薪や炭に変え、燃やしています。また、アフリカ、中南米、アジアの熱帯地方では、草本を燃やす焼畑農業の火が森林へと燃え広がり、数カ月も燃え続ける山火事となるなど、さまざまな要因が重なり、1970年から2000年の30年間で、地球上のおよそ50％の熱帯森林が消失しました。さらに恐ろしいことに、その勢いは止まることなく、今も続いているのです(図1)。

このような状況の下、日本をはじめとする先進国(＊2)は「企業自らの経済活動を縮小してまで地球環境保全を優先すれば、自国の経済活動に悪影響を及ぼし、企業利益も減少する。それよりも、新たな環境技術を開発し、企業活動を活発化しながら環境保全ができる道を探っていく」と主張しています。

一方、中国をはじめとする途上国は、「豊かな暮らしを実現した先進国が、われわれには我慢を強いて、経済発展を規制するのは自分勝手な言い分だ」と反発し、「ここまで環境が悪化したのは先進国の所為であり、発展を規制するなら補償と支援をすべきだ。」と主張して、いずれも譲れない対立が続いています。

2-3　国を超えて「ひとしずく」

先進国と途上国がこのように対立している中で、一市民がいくら努力しても環境を保全して、持続可能な社会を実現することなどできないのではないか？　と、無力感におそわれるのは当然のことです。しかし、『ハチドリのひとしずく　いま、私にできること』(監修　辻信一、光文社、2005年)には、南アメリカの先住民に伝わる「金の鳥クリキンディ」というハチドリの話が出ています。「森が燃えていました。森の生きものたちは、われ先にと逃げていきました。でもクリキンディという名のハチドリだけは、いったりきたりくちばしで水のしずくを1滴ずつ運んでは火の上に落としていきます……」という内容です。そして、自分

(図1) 貧困と環境悪化の悪循環
貧困から起きる無計画な焼畑、森林伐採が砂漠化をまねき、砂漠化した野山に降る雨が土砂を海に運び、珊瑚礁が破壊され、魚が死に環境がさらに悪化、貧困も加速する。

にできることなど何もないと諦めを感じてしまっている人が多いことこそ、今もっと重大な問題なのだと伝えています。

　この勇気あるハチドリ「クリキンディ」のように、私たちが持続可能な社会を実現するためにできることには、3つの方法があります。

　ひとつ目は、先進国工業国が主張するように、人類が先端科学と技術力を統合した創造力により「新たな環境技術を開発」する手法です。それには高度な知識と技術をもつ人材と、研究を推進するための多額な開発費が必要となることでしょう。しかし、環境技術が経済発展の中核に位置する今日、国家や企業、大学などの研究機関が独自に、あるいは連携して開発に携わり、さまざまな分野で成果を上げています。トヨタ自動車が開発したハイブリッド・カーが、欧米市民の圧倒的な支持を受け、王者GMを抜き世界のトップメーカーになったのは至近の例です。

　ふたつ目は、私たちが「何かしなければいけない」ではなく、「してはいけないことをしない」という引き算の生き方を選択する方法です。「4R」という生き方の指針があります。それは「Reduce＝消費財は、いつかゴミになる。そこで、本当に必要なものだけを購入し、資源の消費を減らす。Reuse＝ものの寿命が最大限に生かせるよう大切に繰り返し使い、ゴミを減らす。Recycle＝再生原料でつくられた製品を購入することで、再生品の市場を広げ、資源が循環する社会をつくる。Refuse＝いりません、と断る勇気を持つ」の頭文字で、これからのライフスタイルを具体的に提示しています。2004年、ケニア出身の女性環境保護運動家でノーベル平和賞を受賞したワンガリ・マータイ（Wangari Muta Maathai）が提唱する「MOTTAINAI　キャンペーン」も同じ思想の提案と言えます。

　みっつ目は、デザインによる、持続可能な生産ゼロ・エミッション（zero emission production）の実現です。生産ゼロ・エミッションとは、生産から排出される廃棄物や副産物を、他の産業の資源として活用し、全体として廃棄物を生み出さないことをいいます。

　世界の中では小さな島国で、定住型の農耕民族として暮らしてきたかつての日本人の暮らしには、必然的に自然と共生する生産ゼロ・エミッションの仕組みがありました。例えば、「稲刈り後の藁が草鞋となって宿場で売られ、街道を旅する人に履かれて次の宿場への旅をする。そこで擦り切れた草履は、捨てられ積まれ発酵する。発酵した草履は堆肥となり畑に戻り、土壌を肥やして稲を育てる」というような循環・持続型の仕組みです。この仕組みを、農業社会から工業社会へと広がった現代社会の中に、どのようにして創るかは難題ですが、このような仕組みを設計する作業を「デザイン」といいます。

2-4　デザインの責任

　しばしばデザインは、美と用をそなえた合目的造形行為と解釈されていますが、デザインの生い立ちから見ても、それは断片的な見方でしかありません。18世紀後半、産業革命により生まれたデザインの役割は、資源（労働者・エネルギー・原料）と工学技術を有機的につなぎ、安価で機能的な生活用品を、大量に製造する仕組みを設計することでした。そのために、資源の選択（selected resources）、製品設計（product design）、機械の設計（mechanize plan）、製造プログラム（algorithm）などは欠かせない要素

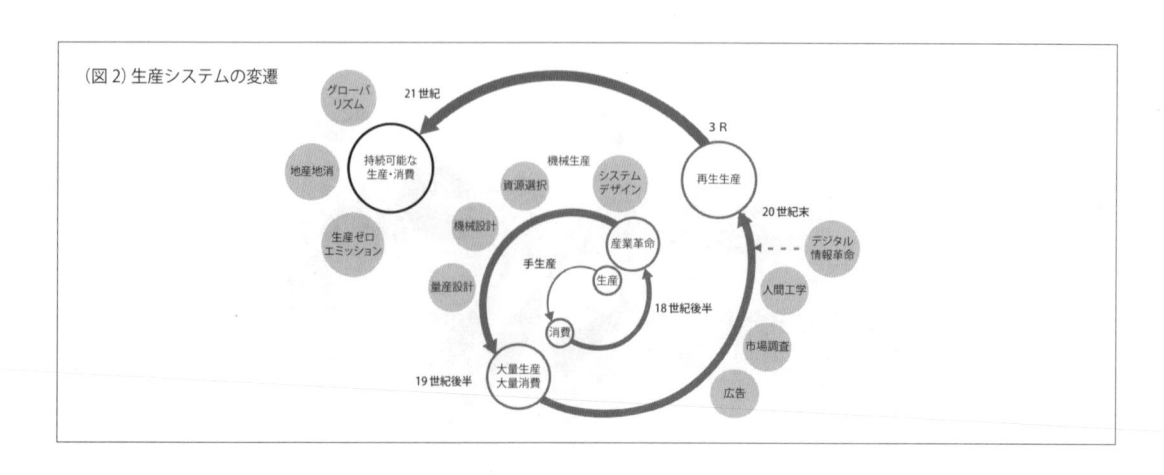

（図2）生産システムの変遷

であり、これらをつなぐ総合的な設計のことを、デザインと称したのです。

その後、大量生産・大量消費が拡大していく段階で、ニーズの調査（market research）、消費を煽る広告（advertising）、人間工学（human engineering）、情報技術（information technology）などが、デザインの要素に加わってきました。

産業革命からおよそ170年が過ぎた今日、地球規模に拡大した大量生産・消費により、資源枯渇がクローズアップされ、物質的な豊かさを追い求める人為的な行為が、地球温暖化を促進しています。そして、先進国で大量生産されている飲料水用ペットボトルなどプラスティック製品が、再生処理の技術や設備のない途上国に無秩序に輸出され、いたる所にゴミとして散乱し、環境を悪化させているのも事実です。

このような状況の中、ものの生産に深く関わっているデザインに、今、最も求められるのは、持続可能な社会形成へのデザインであり、その過程に欠かせないシステムが、生産ゼロ・エミッションです。生産ゼロ・エミッションとは、生産から排出される廃棄物や副産物を、他の産業の資源として活用し、全体として廃棄物を生み出さないシステムであり、資源から製品製造、消費から廃棄再生まで、総合的に関わるデザイナーは、持続可能な社会形成に向けて、大きな社会的責任を負っているのです（図2）。

この持続可能な社会形成に向けてのデザインによるひとつの試みが、「バナナ・ペーパー・プロジェクト（Banana paper project）」です。プロジェクトは、熱帯・亜熱帯地方の途上国で栽培されているバナナの生産廃棄物である「茎」（図3）を再利用して、無薬品で紙を製造し、地域内での生産消費「地産地消」により廃棄物を出さない、生産ゼロ・エミッションのシステムです。さらに、プロジェクトが発展することにより、地域経済と文化の復興を目指し、途上国、先進国を問わず、人間社会に対して、「豊かさとは、何か？」を問い直すプロジェクトでもあるのです。

3．バナナ・ペーパー

3-1　紙と文化

私たち日本人が、日常的に消費しているオフィス用紙や印刷用紙、生活用紙などは、海外から輸入される資源に、ほとんどを依存して生産されています。日本は、製紙原料である木材チップやパルプを大量に輸入する世界有数の国で、輸入される大部分は、原生林から産出されるか、伐採された原生林の跡地に植林されているユーカリなどからつくられています。なかでもオーストラリアのタスマニア州では、毎年サッカー場9,500面分の面積の原生林を含む森林が破壊的に伐採され、そのうちの90%近くが、木材チップとなって日本に輸出され、森林生態系が破壊されていると、国際環境保護団体「グリーンピース」は訴えています。このように、私たちは、持続可能な社会をつくる生産ゼロ・エミッションから、遥か遠いところにいることを、先ず念頭に置かなければなりません。

ヨーロッパで森林木材による紙（＊3）の大量生産が始まってからおよそ170年、日本でも100年あまりが過ぎ、「紙の消費量は文化のバロメーター」といわれるほど、人類の文化・経済の発展に寄与してきた一方、日常、消費する紙が森林樹木であったことをもはや意識する機会さえありません。ところが、アフリカや中米の途上国を訪れてみると、柔らかい真っ白なトイレットペーパーは、外国人向けホテルや、一部

（図3）廃棄物の茎

（＊3）紙
紀元前2世紀頃（西漢の武帝時代）の中国陝西省西安市近郊の遺跡から発掘された「麻紙」が世界最古の「紙」といわれていて、それは、銅鏡を包む包装紙でした。当時の製法は、麻からできたボロ布や漁網を叩いて砕いた後、水槽に散らしてから簀網ですくい、乾燥して紙をつくっています。紙とは、植物繊維からセルロース（ブドウ糖が鎖状に長く連結した高分子）繊維をできるだけ純粋に取出し、水槽に散らすと、セルロース繊維内の水素基と水中の水素基同士が互いに引き合い、一組の電子対になる働き（水素結合）を利用した高分子化合物です。さらに、叩解したセルロース繊維が膨潤、フィブリル化（枝分かれした状態）して絡むことで強度を増していくため、長繊維の草本紙の方が、短繊維の木質紙より強度が出るのです。

の階級の人々の家庭でしか見ることができないばかりか、大学生でさえノートは買えず、授業に必要なだけ数枚単位で購入しているほど、高価な貴重品なのです。

　2004年度、1人あたりの年間消費量世界第1位は、アメリカで312kgです。日本は247kgで、フィンランド、スウェーデンに次ぎ、第4位です。一方、消費量の少ない国は、1人あたりの年間消費量3.8kgのインドで、生活習慣の違いもありますが、アメリカ人1人が消費する分をインド人80人が共有していることになります。紙の需要が飛躍的に増大しているのが中国、1人あたりの年間消費量は42kgと少ないのですが、過去20年間で600％の伸びを記録しています。また、世界全体で見ると、紙の総生産量は3億5900万トン、アメリカをはじめとする大量消費国10ヵ国で、およそ72％に相当する2億6000万トンを消費し、残りの1億トン弱を180ヵ国の人びとが分配していることになります［日本製紙連合会　2007年］。

　仮に世界の人びとが生産されている紙を平等に分け合ったら、1人あたり年間20kgしか分配できません。反対に世界の人びとが日本人と同量の紙を望むと、現在比4,550倍の紙が必要になります。国際連合は、途上国では今後10年間で250％の需要増、先進国でも1.3％の増加率が見込まれると予想しており、先進国の過去10年間の13％の増加率から予想される、未来の需要増を十分に賄い、世界の文化と経済の発展を持続していくためには、タスマニアの森のように負を背負わない持続可能な紙資源の開発が不可欠なのです。

3-2　製紙原料

　現在、世界の製紙原料は、木質パルプ(＊4)が全体の91％を占め、その内訳は、針葉樹や広葉樹、熱帯雨林などの天然木材43％、人口植林材30％、製材残材26％、その他1％となっています。草本類や靱皮繊維からつくる非木材パルプは、全体の9％と僅かな量で、内訳は、藁45％、バガス（サトウキビの搾りかす）18％、その他を、竹、コットン、トウモロコシ、麻などが占めています（図4）。

　木質パルプのもとの木材チップには、パルプ化するために除去しなければならないリグニンが、17〜35％含まれているため、強アルカリ薬品を入れた釜で、数時間、高温高圧で煮沸しなければなりません。そのため、空気汚染や水質汚染の対策への設備投資が30億円と言われるほど、多額な資金が必要になる上に、エネルギー消費量も膨大です。万一、環境対策を怠れば、経済発展が著しい中国にみられるように、長江に流された工場排水が、下流の人々の生活や健康を冒すといった深刻な問題を引き起します。

　一方、藁や麻、竹などの非木材繊維は、リグニンが7〜15％と少ない上に、灰汁で煮た後、叩解することでもパルプ化が可能で、大がかりな設備も必要としません。しかし、収穫時期が限られることや、収穫に手間ひまかかるなど、容易に大量入手が可能な木材と比べると経済効率が悪く、劣勢ですが、しかし、生産ゼロ・エミッションから考察すると、立場は逆転するのです。

3-3　生産廃棄物のパルプ

　生産ゼロ・エミッションは、生産から排出される廃棄物や副産物を、ほかの産業の資源として活用することがひとつの条件であり、木質パルプの原料は、そのほとんどが廃棄物や副産物ではありません。非

(＊4) パルプ
　植物繊維から不要分を除去して、純粋にセルロース分子（繊維素）だけを取り出したものをパルプといい、分子長2ミクロン、数千個のグルコース（ブドウ糖）が鎖状に連結した状態をいいます。繊維からセルロース分子だけを残すパルプ化作業は、古くから製紙過程のもっとも厄介な問題です。

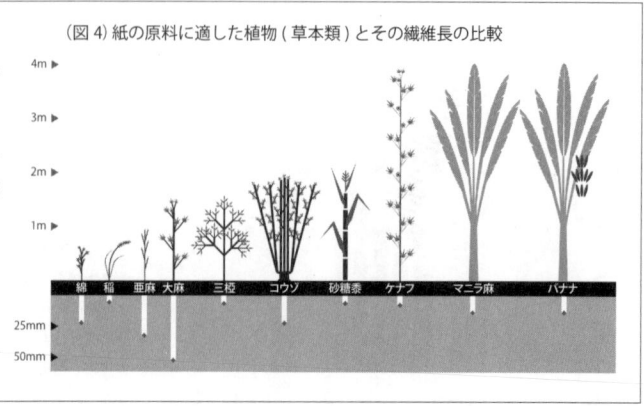

(図4) 紙の原料に適した植物（草本類）とその繊維長の比較

綿　稲　亜麻　大麻　三椏　コウゾ　砂糖黍　ケナフ　マニラ麻　バナナ

木材パルプの「コットンや麻」も同様です。しかし、収穫後の稲や麦の茎「藁」やサトウキビの搾りかす「バガス」は生産廃棄物であり、そこからつくられるパルプは、生産ゼロ・エミッションの資源と位置づけられます。このような生産廃棄物の中で、プロジェクトが開始されるまで、紙の原料として本格的に再利用されたことがなかったのが、膨大な量の生産廃棄物、バナナの「茎」です。

　2006年、世界のバナナ総生産量は1億320万トンで、世界で最も多く生産されている果実の王様です。ところが、高さ3メートルからときには10メートルにまで生長するバナナも、一度しか実を付けないため、バナナ生産では、実の収穫時期に巨大な茎を根元から数10センチのところで伐り、ゴミとしてその場に捨てています。

　茎を伐るのは、①高い位置に果実が成る、②実がついた後は枯れる、③土壌の養分を脇から出た新芽の成長にまわす、という3つの理由からですが、このバナナ生産から排出されている廃棄物量は、実の生産量から毎年世界で5億トンを超えると推量できます。仮にすべての廃棄物をパルプ化できれば、世界で消費している紙の3分の1が賄えるほど、膨大な量が未利用なまま捨てられています。

　さらにバナナの茎は、①廃棄物の再生利用である、②年間を通して廃棄物の確保ができる、③そのため作業の平準化ができる、④紙が必要な途上国で栽培されている、⑤無薬品でパルプ化が可能なことなど、5つの理由から、生産ゼロ・エミッションを可能にする上に、未来社会でも絶えることのない持続可能な資源です。

　プロジェクトでは、インバータ制御による1分間に3000回転する電動臼機で挽くことで、流水と共にリグニンなどの不要分を流出させて、パルプ化します。直径30センチの臼を用いた場合、およそ1分間の回転で50グラムのパルプ化が可能であり、薬品を一切使わず、高温高圧での煮沸も必要ないためエネルギー消費も僅かであり、途上国の環境を悪化させることがありません（＊5）。

3-4　紙の効用

　バナナ・パルプから紙をつくることは、バナナ生産地である途上国の農村地域に新たな紙産業を興すことになります。一気に先進国並みの近代工場による製紙業を普及することは、高度な製紙技術の移転や高額な投資が必要なことからすぐには望めませんが、村で使う紙を自らつくることや、子供たちが学校で使うノートをつくることなら、手漉き紙でも十分賄えます。村々で紙の「地産地消」が始まれば、国家としても、その分輸入外貨の流出が防げます。

　また、製紙業や印刷業のない熱帯地方では、植民地時代の宗主国でつくられた教科書をいまだに輸入して使っているのを目にします。それぞれの地域が育んできたローカルな文化が教科書に取り上げられることはなく、ここでも教育のグローバル化が進行しています。バナナ・ペーパーが漉ければ、1台のパソコンとプリンターで、村の学校で使う教科書をつくることができます。土地の言語や文化を伝え、未来社会への夢を描くことも可能です。プロジェクトでは、中米ハイチ共和国の村に、日本からの政府開発援助（ODA : official development assistance）で、紙漉きの機器類の無償供与と技術移転を行い、クレオール語による教科書の作成を目指したのは、2003年でしたが、翌年、政治的混乱により内戦状態となり、プロジェクトの継続ができなかったのは、今でも心残りな出来事です。

（＊5）製紙
　製紙工程は、昔ながらの職人による手漉き法と、近代工場による機械漉き法の2種類の抄紙法があります。両者とも、紙ができる原理は同じですが、紀元前3世紀ごろ中国で発明された手漉き抄紙法は、長く国家機密として守られていたため、手漉き法がスペインに伝播したのが1151年、イギリスには1490年でした。日本には仏教とともに610年に伝播したと伝えられていますが、宗教の異なる西欧に伝わるのには長い年月を要しています。このように製紙技術が伝播した道を「ペーパーロード」と言いますが、熱帯・亜熱帯地方には道がつながらず、今日でも製紙業を見ることはほとんどなく、たまに紙漉きが行われていることを知り訪ねても、紙になったものを水に溶かして漉き直す再生紙を漉いていたり、草本類をパルプ化するために灰汁で3日間煮るなど、手間のかかるわりには質の良くない紙がつくられています。

　一方、機械漉きは、1717年フランス人レオミュールが、スズメ蜂の巣作りを見て樹木の木質部が紙になる原理を発見、1804年ドイツ人ケラーが針葉樹の木質部からパルプをつくる砕木パルプ化法を発明、1798年フランス人ロベールが長網式抄紙機を、1808年イギリス人ディッキンソンが円網式抄紙機を発明した結果、欧州から世界へと広まっています。日本でも1871年（明治4年）渋沢栄一が紙の大量製紙時代が来るとみて、近代的製紙会社（後の王子製紙）を設立しています。

一方、プロジェクトを始めたアフリカのガボン共和国では、地方自治体が農民の漉いたバナナ・ペーパーを買取り、村の小学校に再度配布する計画があります。熱帯地方の国々の識字率が低いのは、貧しさから子どもに畑仕事など労働を強いることが多いためで、バナナ・ペーパーで副収入を得ることで、子どもたちを学校に通わせることができるようになります。

一方、紙漉き技術を十分習得すれば、村の伝統文化を生かした品々をつくり、地域のショップで販売することも可能です。ノートやトイレットペーパーなど生活用紙には、付加価値を付けることは必要ではありませんが、結婚式やクリスマスなど、日常生活と差別化した機会で使うカードには、手漉きによる嗜好を凝らした紙が好まれます。村や都市のアーティストが参加することで、生活用紙の数百倍の価格で販売することもできるのが、手漉き紙の特徴といえます。

紙が豊富になれば、ノートや教科書が子供たちに行き渡り、識字率も高くなり、教育水準も向上します。教育水準が向上すれば、地域の経済活動も活発になり、環境保全にも目が向きます。環境保全より、経済的に豊かな暮らしを求めている人々には、個々のパーツを組み合わせることで、自然環境と経済発展が両立する仕組みをつくることが、求められているのです。

4. バナナ
4-1　果実の王様

バナナの植生地域は、別名「バナナ・ベルト」と呼ばれる赤道を中心とする北緯南緯30度以内の熱帯・亜熱帯地域の129ヶ国・地域です。その80％以上が途上国であり、農業人口が全体の60％を占めています。2005年、世界のバナナ総生産量は1億320万トンで、世界で最も生産量の多い果実の王様となっています。生産内訳は、生食用バナナが約7060万トン、料理用バナナは約3260万トンで比率はおよそ2対1、生産地域、生産量ともに、中南米、アフリカ、アジアで、ほぼ3等分されています。

このように世界の半数以上の国・地域で生産されているバナナも、輸出されている量は、全体の僅か15％程度で、その35％を占めているのが、南米エクアドル産で欧米に輸出されています。日本人に馴染みの深いフィリピン産は14％で、そのうち1/2が日本向けに輸出され、日本のバナナ輸入量の79％を占めています。

これらバナナの輸出国に共通することは、植民地時代のモノカルチュアの影響です。広大な土地を支配し、低賃金で過重な労働を強いて、同一品種の生産物を大量に生産、世界市場へ輸出する植民地政策モノカルチュアが、いまだに暗い陰を落としています。キューバの葉巻、スリランカ（植民地時代はセイロン）の紅茶など、世界に知られる産物は当時の名残りですが、バナナ生産では、ドールやチキータの多国籍企業が、一部の国々で大型プランテーションを経営して、市場を独占しています。

しかし、バナナを生産する大半の国・地域は、植生が豊富で、地域の風土に育まれた多品種栽培が行われ、地元で消費されています。このことからしても、バナナは、最も「地産地消」の食糧だと言えるのではないでしょうか。

生食用バナナの生産量は、第1位インド1682万トン、以下、エクアドル659万トン、台湾622万トン、ブ

バナナの歴史

単子葉類ショウガ目バショウ科バショウ属の多年生草本であるバナナには、私たち日本人が日常食べている生食用バナナと、イモのように煮たり揚げたりして食べる料理用バナナなど、世界には、300種以上のバナナが生育しています。

生食用バナナの学名(Musa sapientum Linn.)は、「知恵や賢者」を、料理用バナナの学名（Musa paradisiacal Linn.)は、「楽園」をそれぞれ意味しますが、この学名は、18世紀中頃のスウェーデンの博物学者リンネが命名、(Musa)はバショウ属を示しています。バナナの和名は芭蕉、中国では甘蕉あるいは香蕉と呼びます。

バナナの語源は、アラビア語の「指先＝banan」に由来するという説と、西アフリカの言語の「（複数の）指＝banema」が変化したという説があります。いずれにしても、誰もがバナナのかたちから、手や指を連想したのでしょう。

原産地は東南アジア、マレー半島辺りと言われ、紀元前4、5世紀には、すでに当時の人間が自生していたバナナを食べていた痕跡が遺跡などから発見されています。人類がバナナを栽培したのは、インドが始まりといわれ、紀元初期にはポリネシア移民によって太平洋島嶼へ、さらにアラビア人によりエジプトへ、紀元1500年前後にはコンゴから西アフリカ地域、カナリヤ諸島へと広まったと推定されています。

ラジル 590万トン、フィリピン 550万トン、インドネシア 440万トンと続きます。一方、料理用バナナは、第1位ウガンダ 1000万トン、以下、コロンビア 295万トン、ルワンダ 247万トン、ガーナ 238万トン、ナイジェリア 211万トンと続き、アフリカ地域が全生産量の75％を占め、他は中南米地域に集中しています。料理用バナナは、加熱することでデンプン質が変化、甘味が増して美味になるところから、ニューギニアや、東アフリカでは、の人々の重要なデンプン源となり、年間1人あたりの消費量が200〜250kgと、米やイモに代わる主食に位置付けられています[国際連合食糧農業機関2006]。

4-2 バナナ繊維

　廃棄物バナナの茎（偽茎・葉鞘）を輪切りにすると、三日月を丸めた形状の鞘（シース）が抱き合うように10枚前後重なり、シースの内側には格子状に小さな隙間が並び、そこには空気や養水が入っています。茎の繊維は、シースの外側に太く象牙色の繊維が多く、茎の中心に近いほど繊維が細く白くなっていきます。

　繊維の取出し法は、通常生産されているバナナは、伐られた茎を、長さ1㍍ほどの長さを切り揃え、杭のように縦に立て、上面からふたつに切り、半円筒型にします。半円筒型になったことで、三日月型で互いに抱き合う形のシースが、1枚ずつに剥がし易くなります。

　1枚に剥がした茎を、長さ2㍍、幅40㌢ほどの板の上で、上からナイフでしごいていきます。生茎は、水分量も多く、繊維の強度も強くありません。ナイフは鋭利な歯のものは、繊維を切らないよう少し傾けて使い、竹製のナイフや、角材のエッジなどでも代用できます。板は壁や木立に立てかけ、上下にしごく「垂直法」と、まな板のように水平に置き、魚をさばくように左右にしごく「水平法」がありますが、生活の中で慣れ親しんだ動作の影響か、一般に男性は垂直法を好み、女性は水平法を好みます。

　2分ぐらいで光沢のある象牙色のバナナ繊維だけが、板の上に残ります。バナナの繊維含有量は、重量比2％、1本のバナナの茎（60kgの場合）から取り出せる繊維量は、およそ1.2kgです。しかし、多少の練習をすれば誰にでもできるこの方法も、単純な上に根気が要ります。もともと熱帯地方の人びとは、陽気で暢気、気温の低い朝方は元気ですが、長時間労働は苦手です。はじめは面白がって大勢が参加しますが、1週間も経つと、数人しか残っていないことがよく起こります。

　そこで、労働力の軽減、作業時間の短縮が、プロジェクトの新たな課題となり、見つけた解決法は、バナナ生産にまで遡るオーガニック農法（＊6）です。エクアドルの小規模農園では、多国籍企業の経営する大型プランテーション生産との差別化を図るため、オーガニック農法に取組んでいます。廃棄物バナナの花軸と鶏糞を発酵させてつくる副産物「液肥（＊7）を農園の土壌に戻す」生産ゼロ・エミッションです。

　このオーガニック栽培は、実を美味しくするのは当然ですが、茎の繊維も強靭なものへと変容させました。繊維の端を掴み、上に一気に引き抜いても、途中で切れることもなく、瞬時に取出せます。しごき法では、1枚2分間を要した作業が、たった数秒でできる上に、労働力の軽減、失敗がないなど、熱帯地方の人びとにも向いています。大地のもつ力が、廃棄物の再利用に弾みをつけました。

バナナの植生

　強い日射し、高温、湿潤な平地を好むバナナは、最低月間平均気温が15.5℃以上、年間雨量1270ミリ以上で早く生長し、気温38〜40℃以上になると生長が止まります。降水量も月間平均100ミリ以上なら生長を続けますが、乾期に3ヵ月以上雨が降らない地域では、灌漑設備が必要です。

　バナナの繁殖は、病害に強く、香りや甘味を増すなど、人工的改良ができるため、ほとんどの地域が組織培養苗を用いています。価格は、1苗1ドル（115円）前後です。

　苗を植えると、数ヶ月で先端が紙を細くまるめたような筒状の新芽（葉鞘）が出て、それが葉身に生長します。12〜18ヶ月経つ頃、43枚目の葉身が生長すると、葉身の間から花序が出ます。花序が下向きに垂れる頃、根元に近い方に二列の雌花がつき、雌花の子房がバナナの成る果房へと生長します。果房には、5〜6段の果手（hand）が上下に並び、果手それぞれに16〜17本の果指（finger＝果実）が付き、合計100本前後、重量18〜20kgのバナナが実ります。

　一方、雄花は、形状と色から「バナナ・ハート」と呼ばれているように、果房の先端で濃赤の紡錘型花蕾へと変化します。農園では、果指を早く発育させるために、バナナ・ハートを切り落としますが、食卓を鮮やかに彩る食材として売られているのを目にすることがあります。

　また、バナナの巨大な葉の表裏には、発達した気孔が無数にあり、そこでは強い太陽エネルギーによる光合成（photosynthesis）が活発

5. 生産ゼロ・エミッション

5-1 繊維

　取り出したバナナ繊維は、2本の木の間に張られたロープに掛けて、木陰で1時間ほど乾燥します(写真1)。乾燥後の繊維は、束ねればロープで使うことができるほど強度が増し、経年変化もほとんどなく、倉庫で保管して必要なときに必要量を使う作業の平準化が可能です。

　繊維を紙に加工するには、パルプ化作業、紙漉き工程、製品デザインの設計作業が必要ですが、紙は、生活用紙、事務用紙、学習用紙、印刷用紙、包装紙など、汎用性が広いのが特徴です。本来、用途に合わせて原料や紙漉き法も変わりますが、強靭なバナナ繊維からできるバナナ・ペーパーの品質は、長繊維のため絡みが強く、実験では木質紙の5倍の引張り強度、80倍の折曲げ強度が確認されました。このことは、既にバナナの一種アバカ繊維が日本の紙幣の主原料となり、ポケットに入れ忘れて洗濯しても、乾かせば何ごともなかったように使えることでも実証済みです。

　このように、たとえ熱帯地方でつくられたバナナ・ペーパーであっても、日本の紙幣と同じ強度を持つことになります。プロジェクトでは、アフリカのウガンダからは、「赤や黄色のビニール袋が捨てられ、餌と間違えた野生の動物たちが食べては死んでいる。早くバナナ・ペーパーに切り替えたい」との要望が、2004年ムセベニ大統領から寄せられ、バナナ・ペーパーの紙袋をつくるための技術協力を行っています。また、スリランカでは、2007年、野生動物保護のため、厚手のビニール袋の使用が全面的に禁止されました。現在、産官学共同プロジェクトによるバナナ・ペーパー製造技術の国際協力を準備中です。

　生産ゼロ・エミッションでつくられるバナナ・ペーパーは、原料が廃棄物のため、原価を押さえることもでき、将来、機械漉きによる工場生産に発展することでより多くの生産も可能です。

5-2 製紙工程

　古来、製紙技法が伝播しなかった熱帯地方では、樹皮を叩いて伸ばした「タパ」や「アマテ」と呼ぶ疑似紙を書写材や衣類に用いてきました。そのため、農民が製紙技法に関する知識を持っていることは、ほとんどなく、カナダや欧米のNGOが、断片的に技術移転を行っているのが現状です。

　プロジェクトは、高度な技術の習得が必須の伝統和紙技法と、西欧の溜め漉き技法を融合した「浸透漉き」を開発して、技術移転を行っています。浸透漉きは、水の浸透圧を利用して、箱の底に張った網から浸透する水の力を利用する技法で、多少の知識と技術を習得すれば、簡単に均一な紙を漉くことが可能です。

　漉いた後は、圧搾して脱水を行い、生乾きの状態で棒に掛ける「掛け干し」または平板に張る「板干し」にして、自然の風と太陽で乾燥します。紙の表面は、乾燥方法により滑らかにすることも、自然の風合いに仕上げることもできますが、あくまで使用目的に合致する方法でなくてはなりません。

　乾燥した紙は、さらに加工することで、暮らしに役立つものへと変化していきます。

に行われています。熱帯雨林が消失した土地で、1苗1ドルのバナナを積極的に栽培すれば、実は人びとへの食料源に、葉は光合成の働きで、水と二酸化炭素を酸素と糖に還元します。人間の細胞は、糖を酸素によって二酸化炭素と水に分解するので、エネルギーの注入点になると同時に、炭素を固定することで、温暖化防止にも貢献しています。

(＊6) オーガニック農法
　1995年に、NOSB(National Organic Standards Board)が定めた「オーガニック」の定義とは、「エコロジカルな（農業）生産管理システムであり、生態系の多様性、生態系のサイクル、そして土壌中の生物活動を促進する。農場外から持ち込む投入資材を最小限に抑え、実際の（農場）管理においては生態系の調和を維持し、高めていく方法」です。

5-3 「5E」のハーモニー

　バナナ・ペーパー・プロジェクトが成果を上げ、途上国が経済的な自立を果たせたとしても、そこに持続可能な社会や環境がなければ、意味がありません。今日、航空機による移動手段の発達や、経済活動が拡大するにともない、地球上を高速移動する「人・物・情報」によって、宗教や人種、風土や文化、ライフスタイルや価値観などの異なる多元的な社会を隔てていた距離が縮まり、グローバリゼーションが加速度的に進行しています。

　本来、「人・物・情報」が移動するということは、同時に背後の文化・思想・価値観までもが移動することを意味し、それは到達地点の文化・思想・価値観のみならず、人びとの心の構造にまで影響を及ぼします。

　現在、地球上の多くの人間のライフスタイルのみならず、思考までもが無意識裡に西欧化の傾向にあるのも、このグローバリゼーションの影響で、そのことに危機感をもつ人びとによるファンダメンタリズムは、ますます過激な行動をもってこれに対抗していくことになるでしょう。

　人類が持続可能な社会をつくるために必要なのは、自らの文化に誇りを持ち、その良さを再認識した上で、次には多元的な異文化を受け入れ、その相互作用により、新たな豊かさの価値観を創造することなのではないのでしょうか。

　さらに言えば、もはやどちらかを選択する「プライオリティの時代」から、異なる価値観を融合し、新たな調和を創造していく「ハーモニーの時代」への移行が、今日、必須と言えるでしょう。

　その具体的な方法が、Economy-Employment-Education-Energy-Environment の「5E」をキーワードにする仕組みの開発です。例えば、途上国の経済開発（Economy）が雇用（Employment）を創出し、親の安定収入が子供たちを教育（Education）へと向かわせ、さらに電気などのエネルギー（Energy）を購入することで、森林消失を防ぎ、地域および地球環境（Environment）を持続可能なものへと発展させていくといった仕組みです。そして、このように多様な人間活動が連関して、ハーモニーを奏でる仕組みを設計するデザインが、ますます重要な役割を担うのは言うまでもないことです。

6. まとめ

　地球規模の発想で、小さな地域から草の根活動を行う「バナナ・ペーパー・プロジェクト」は、「ハチドリのひとしずく」のような活動ですが、昔から物事を元通りに直すに、壊してきたのと同じ時間がかかると言われています。1400年以上にわたり日本人の自然との共生思想のもとで発展してきた伝統的な和紙製紙技術が、バナナ生産の廃棄物「茎」を再生して無薬品で紙や布をつくり、熱帯地方の村々で新たな循環型文化の創造がはじまれば、環境保全と経済発展は両立が可能だということを次世代の人びとに示すことになります。

　1986年、イタリアの北部ピエモント州のブラという小さな町からはじまったスローフードにも似た、地域で生産するものを地域で消費する「地産地消」と、「生産ゼロ・エミッション循環システム」が広がれば、地域文化の復興につながり、地域文化が持続することにより多様な価値観がグローバリズムの名の下に統合されずにすむのです。

（*7）液肥の作り方
　直射日光が当たらないように半透明の屋根で覆った100四方のコンクリート床に、バナナの花軸をチップにして鶏糞と混ぜ堆肥をつくります。日陰の状態で1週間ほど発酵させると、堆肥が発酵して茶褐色の液体が流れ出てきます。ドロドロとした液体は、コンクリート床の細い溝を流れ、床下の水槽に貯まります。これが液肥で、農園の土壌に戻すことで土壌が痩せることのないオーガニック農法が完成します。

（写真1）抽出したバナナ繊維を太陽と風で乾燥する。

人間は自由に考え、喜ぶ権利を持って生まれたのです。そのために、バナナ・ペーパー・プロジェクトの支援側は、常にバナナ生産地域の社会および文化的背景への共感をもとに行動しなくてはなりません。また、バナナ生産地域の人びとにとっては、バナナの廃棄物資源から紙を製造していく過程において、日本の文化的背景を知ることになり、それが先進国への共感を育む文化の相互作用となることでしょう。さらに、途上国の人々が自国で紙を製造・消費することは、先進工業国で重要な位置を占めるシステム・デザインの関係性を理解し、自らの経済的自立と環境開発への意識を高めることにつながるのです。

　バナナ・ペーパー・プロジェクトの今後の展望は、すでに協力体制が構築された地域では、多少の障害があったとしても、自助努力により解決していくことで本格的に発展していくでしょう。熱帯地方の資源「物（バナナの廃棄物）・人（農民）・自然（太陽と風）」の連関による環境負荷の少ない生産ゼロ・エミッションは、ネットワークをつなぎ広げることで土地に根付き、次々と小さな花を咲かせていくでしょう。このいわゆる草の根活動が、多元的な社会の多様な価値観創造の一助になると確信しています。

バナナ・ペーパーを生産するジャマイカ、セント・トーマス県モラント村のバナナ・ペーパー製紙工場｜製造工程｜バナナ・ペーパー製品

バナナ・ペーパーの製造工程

1 工程 1-2/3　　工程 1-4-a　　工程 1-5

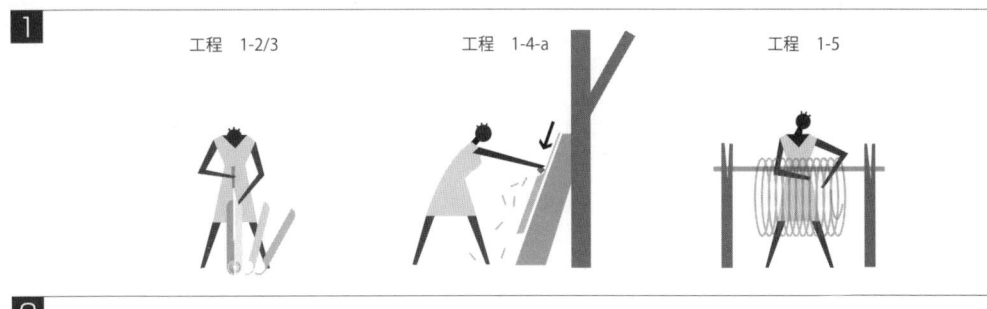

2 工程 2-2　　工程 2-3　　工程 2-5　　工程 2-9

3 工程 3-1　　工程 3-2　　工程 3-3

4 工程 4-1　　工程 4-2

工程1　繊維の取出し作業

1-1　バナナの仮茎を長さ1メートルに切り揃える。
1-2　ナイフで仮茎の中心から縦方向に2等分する。
1-3　葉鞘を1枚毎に外し、外皮、中皮、内皮に仕分ける。
1-4-a　（手）葉鞘を板の上でしごき繊維を取出す。
1-4-b　（機）回転ローラーに巻き付けてしごき繊維を取出す。
1-5　ロープに下げ、陰干しで数時間乾燥する。
1-6　太・中・細に仕分け、束ねて倉庫で保管する。

（注意）作業は仮茎伐採後48時間以内に行う。葉鞘は外側ほど繊維が良く発達している。外皮繊維は荒い風合い、中皮繊維はややざらついた風合い、内皮繊維は平滑な風合いに仕上がる。倉庫保管は、風通しの良い棚上が良く、昼夜の寒暖差による結露に注意。乾燥すれば経年変化は少なく、年間を通じて作業の平準化ができる。

工程2　紙漉き作業

2-1　繊維をハサミで長さ3センチに切り揃える。
2-2　（機）ファイバーミルに繊維を入れ水挽きして繊維組織を壊す。
2-3　（機）ビーターでさらに叩解してパルプ化する。
2-4　オクラ1キログラムを刻み水中に粘りを抽出してネリを作る。
2-5　バケツに水10、ネリ1、パルプ1の割合で入れ、棒で撹拌する。
2-6　平底バットに10センチ程度水を張り、浸透式漉き具を沈める。
2-7　漉き具内に紙料を定量流し込む。
2-8　撹拌板をゆっくり上下して紙料を均一にする。
2-9　漉き具を水平に保ちながら水から引き上げる。

（注意）紙厚は投入する紙料の量に比例する。ネリを濃くすれば、その分繊維が絡み、平滑な紙ができる。

工程3　乾燥作業

3-1-a　（手）布を使って水分を取る。
3-1-b　（機）脱水装置で脱水する。
3-2　網から紙を剥がす。
3-3-a　（手）板に張り乾燥する。
3-3-b　（機）電熱板に張るあるいは挟み乾燥する。
3-4　検品して、束ねる。

※（手）は手作業（機）は機械作業 を表す。

工程4　加工仕上げ作業

4-1　デザインによりプリント加工などを施す。
4-2　製品の出来上がり。
4-3　製品のストック。

第1章　バナナ・ペーパー・プロジェクトがめざす持続可能な社会形成へのデザイン

付録　バナナ・ペーパー・プロジェクトの年表

1999 年
南米・エクアドル、グアヤキル農園の調査、ワークショップ開催
（名古屋市立大学・エクアドル大使館より派遣）
中米・ハイチ共和国の調査、ワークショップ開催
（名古屋市立大学・ハイチ大使館より派遣）
無薬品バナナ・ペーパー製造技術の開発
国立ハイチ大学への技術移転（外務省より派遣）

2000 年
バナナ・ペーパー紙漉き工場の設立、
於：国立ハイチ大学（日本政府 ODA 援助）
中米・セント・ルシアへの技術移転（JICA より専門家派遣）
中米・セントヴィンセントへの技術移転（JICA より専門家派遣）
中米・ジャマイカへの技術移転（JICA より専門家派遣）

2001 年
中米ハイチにバナナ・ペーパー紙漉き工場（IFE）の設立
（日本政府 ODA 援助）
南アフリカ、ヨハネスブルク地球環境サミットで発表
（外務省より派遣）
沖縄・八重山諸島の調査（トヨタ財団の助成）
バナナ・ペーパーの機械漉き製紙（学研・三島製紙の支援）

2002 年
中米・ジャマイカへの技術移転（トヨタ財団の支援）
外務省海外青年研修員の受入
（国際連合工業開発機関・外務省・名古屋市立大学の支援）
バナナ・ファブリック工業製品の開発（日清紡と共同研究）
国連大学で発表（国際連合工業開発機関・外務省の支援）

2003 年
アフリカ開発会議（TICADO）で発表（国際連合工業開発機関）
グッドデザイン賞でエコロジーデザイン金賞を受賞
トヨタ財団・トヨタ自動車の「グローバル 500」助成採択
名古屋市立大学特別研究奨励費（助成採択）
名古屋市内小学校 7 校への出前講座実施
（バナナ・ペーパーによる環境講座）

2004 年
アフリカ・ガボン共和国への技術移転調査
（国際連合工業開発機関の支援）
中米・ホンジュラス、コスタリカへの技術移転調査
（国連・トヨタ財団の助成）
中米・ジャマイカにバナナ・ペーパー紙漉き工場設立
（トヨタグローバル 500 の支援）
名古屋市立大学特別研究奨励費（助成採択）
名古屋市内小学校 10 校への出前講座実施
（バナナ・ペーパーによる環境講座

2005 年
アジアデザイン会議（於フィリピン）で講演
（国際デザイン交流協会より派遣）
愛・地球博わんパク宝島パビリオンに「熱帯！バナナ村」開設
（日本国際博覧会協会アドバイザー・中央出版の支援）
愛・地球賞を受賞（日本国際博覧会協会、日本経済新聞社）
南米エクアドルの農園調査（国際連合工業開発機関の支援・名古屋
市立大学特別研究奨励費の助成）

2006 年
名古屋市立大学特別研究奨励費（助成採択）
文部科学省 現代的教育ニーズ取組支援プログラム
「バナナ・ペーパーによる環境教育」（助成採択）
アフリカ・ウガンダ，国立マケレレ大学への技術移転と工場設立
（日本政府 ODA 援助・国際連合工業開発機関の支援）
スリランカの製紙技術の調査（名古屋市立大学より派遣）
名古屋市内小学校 6 校への出前講座実施
（バナナ・ペーパーによる環境教育）
市民講座「バナナ・ペーパーによる持続可能な社会」
於：東谷山フルーツパーク、市内ナディアパーク
南米エクアドルの農園調査（国際連合工業開発機関の支援・名古屋
市立大学特別研究奨励費の助成）

2007 年
第 1 回 現代 GP スリランカ海外研修
「バナナ・ペーパーによる環境教育」の実施
（学生 41 名参加 / 引率教員 6 名 / 看護士 2 名）
市民講座「バナナ・ペーパーによる持続可能な社会」於：東谷山
フルーツパーク
名古屋市内小学校への出前講座実施
（バナナ・ペーパーによる環境教育）
スリランカへの技術移転調査（名古屋市立大学より派遣）
第 2 回 現代 GP スリランカ海外研修
「バナナ・ペーパーによる環境教育」の実施
（学生 26 名参加 / 引率教員 4 名 / 看護士 2 名）
南米エクアドルの農園調査（国際連合工業開発機関の支援・名古屋
市立大学特別研究奨励費の助成）

第 2 章 | 化石燃料と代替エネルギー
藤田美保 / 佐野 充

1. 地球の原風景——薄皮一枚に託される人類の生存

空は無限に続く、と誰もが思う。しかし、真っすぐ上に歩けばわずか数時間で空気はなくなる。

地球の大きさを考えてみよう（図1参照）。地球の直径は約13,000 km、われわれが生きている空気の厚さは約10 kmである。1300：1の比率だから、1 m30 cmの地球ならば、われわれが暮らす空気層の厚さはわずか1 mmになる。したがってスペースシャトルはわずか5 cmの高さの「宇宙」を飛ぶ計算になる。

これがわたしたちの地球を客観的に見た真の姿である。われわれは薄皮1枚の空間で生を与えられ、生涯をおくる。人類の歴史も生物の歴史もすべてこの薄皮1枚のなかで起こった出来事だし、将来も薄皮のなかでわれわれは過ごす。この薄皮にいろいろなものを排出すれば、環境に深刻な影響を与えるのは当然である。

2. エネルギーと生活

2-1　エネルギーとは

現代文明にとってエネルギーはなくてはならない。われわれの社会は石油や石炭などを大量に消費しており、それらの持っているエネルギーを利用しやすいように加工して利用している。エネルギーは、①われわれの利用するエネルギーの源となる1次エネルギーと、②1次エネルギーを源として電気など利用しやすいように加工した2次エネルギーに分類される。

1次エネルギーはさらに、(a)使っても自然の力でまた再生される更新性エネルギー（再生可能エネルギーとも呼ばれる）と、(b)使ってしまうとほかに変化してしまい再利用できない非更新性エネルギーにわけられる。石炭は1次エネルギーで、非更新性エネルギーであり石炭火力で発電された電気は2次エネルギーに分類される。

2-2　エネルギーとより良い生活

エネルギーは照明、熱、駆動力などさまざまな形で利用される。照明を例に、利用してきたエネルギー源の変遷を図2に示す。たき火や松明は照明の利用の原始的な形態であり、木のもつ化学エネルギーを燃焼することによって照明として利用した。さらにそれを安全で使いやすく加工し、ろうそくや行灯などの屋内照明をうみだした。より明るく、より安全で、より便利に照明を進化させた結果、鯨油を利用した油性ランプや石炭を利用したガス灯になり、さらに竹製フィラメントに電気を流すことで照明に普及することになる。

町中に張り巡らせた電線から電気が流れ、それを利用した白熱ランプで夜でも明るいわが家となったが、電気のもつエネルギーのわずか数％が明かりに変換されたに過ぎない。さらに、エネルギー変換効率の良い蛍光灯が一般的に使われることになる。照明は進化し、最近ではエネルギー変換効率が高く、フィラメントがなくて長い寿命をもつ発光ダイオード（LED）が信号機に使われている。

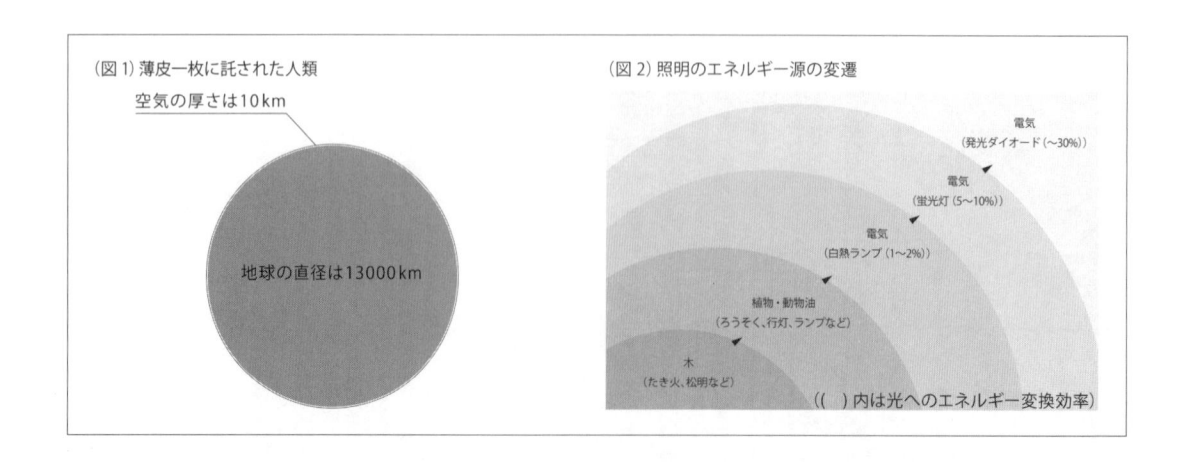

（図1）薄皮一枚に託された人類
空気の厚さは10km
地球の直径は13000km

（図2）照明のエネルギー源の変遷
電気（発光ダイオード（～30％））
電気（蛍光灯（5～10％））
電気（白熱ランプ（1～2％））
植物・動物油（ろうそく、行灯、ランプなど）
木（たき火、松明など）
（（ ）内は光へのエネルギー変換効率）

2-3 エネルギー消費の推移

われわれは生活の質の向上を目指して、種々のエネルギー源をもとめ、植物・動物、水力、石炭・石油、そして原子力を利用してきた。1965年から2001年までの世界の1次エネルギーの消費量を図3に示す。石油、石炭、天然ガスをおもな1次エネルギー源とし、1965年では40億トンであった消費量は2001年では90億トンを超えた。一人当たり1トン以上の石油を消費していることになる。国別に一人当たりの消費エネルギーを見ると、北米が6.6トン、日本が4.0トン、ヨーロッパが3.6トン、アジアが0.7トン、アフリカは0.4トンである。先進国のエネルギー消費量は多く、それは生活の質に関係している。

今後、エネルギーの消費はどのくらい増えるのだろうか？ 地域別のエネルギー需要の推移と見通しを図4に示す。2010年には114億トン、2020年には137億トンと予測されている(図4)。10年間ごとに20%以上の伸びを示し、その伸びはとまらない。

次に、1次エネルギーの資源である石油、石炭、天然ガス、ウランの確認可採埋蔵量を表1(32頁)に示す。埋蔵量とは地殻から採掘できる推定の全量をいい、現在および将来の経済的・技術制約を考慮した上で開発利用の可能性が期待される量を確認可採埋蔵量という。また、可採年数は現在の生産量で資源が何年間残存しているかを示す。各統計の見積もりによって違いがあるが、石油の可採年数は約40年である。今のペースで40年間、石油採掘を続けると石油は尽きる。天然ガスは約60年、石炭が約230年、ウランは約70年である [山口ほか 2002]。

3. エネルギーと化石燃料
3-1 化石燃料としての石油

石油は化学的に炭素(C)と水素(H)が結びついた各種炭化水素の混合物で、原油から種々の石油系燃料(石油ガス、ガソリン、灯油、軽油、重油等)や各種石油化学製品の原料が得られる。地中では高圧に保たれている原油であるが、油井から汲み上げられ常圧になると原油の一部が気体となる。それが石油ガス(Liquid Petroleum Gas; LPG)であり、各種の燃料に使用される。また、原油を35～180℃で蒸留して得られる石油類をガソリンと呼び、ガソリンエンジンの燃料として使われるほか、石油化学製品の原料に使用される。

市販ガソリンの種類と組成を表2(32頁)に示す。ガソリンに含まれる各種成分によりエンジンのノッキングの起こしやすさが決まり、それを数値で表したものがオクタン価である。オクタン価が高いほどノッキングが起こりにくく、ハイオクタン価ガソリンを略してハイオクガソリンと呼んでいる。

原油を170～250℃で蒸留して得られる石油類を灯油と呼び、日常生活では灯油を「石油」と呼ぶことが多い。なかでもジェットエンジンの燃料用のものはケロシンと呼ばれる。原油を240～350℃で蒸留して得られる石油類を軽油と呼び、ディーゼルエンジンの燃料として使用される。また、重油は原油の常圧蒸留によって残った残油分やそれを処理して得られる重質の石油類であり、発電やボイラーなどの燃料に使用される。

原油の起源は必ずしも確定していないが、動植物の遺骸が海底に集積したのちに微生物により分解さ

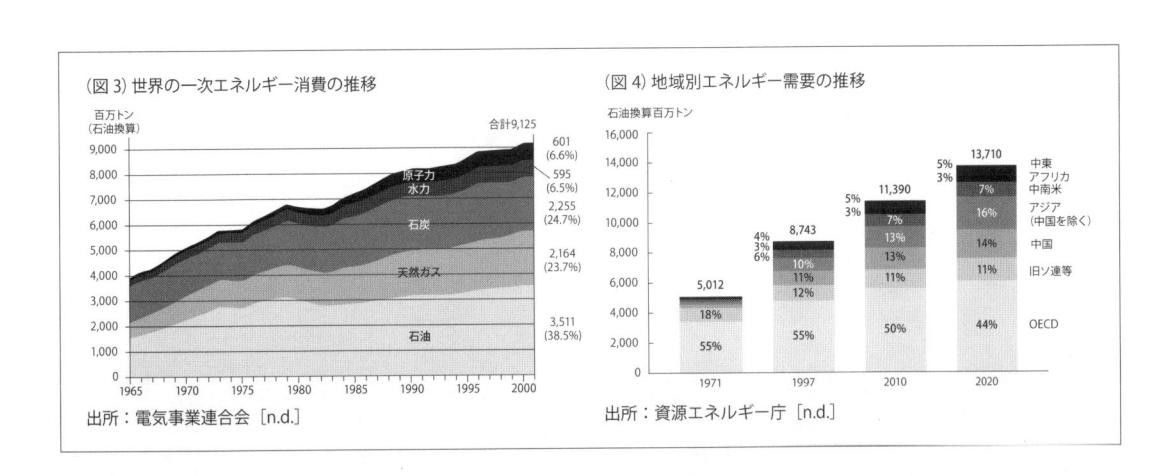

(図3) 世界の一次エネルギー消費の推移
出所：電気事業連合会 [n.d.]

(図4) 地域別エネルギー需要の推移
出所：資源エネルギー庁 [n.d.]

れて、その後、長い年月をかけてマグマの熱や地下の圧力によって化学反応して生じたと考えられており、それらが貯留しやすい地層の堆積岩中に集積した場所が油田である。

このような起源から原油や石油は化石資源と呼ばれる。原油の組成は場所によって異なり、比重により軽質、中間、重質に分類され、さらに硫黄分によっても分類される。軽質油の例としてサウジアラビア産原油のアラビアンライトと重質油の例であるイラン産原油のイラニアンヘビーの組成を表3(32頁)に示す。一般的に軽質原油はガソリン分の割合が高い。

原油は輸送用木製樽に由来してバレル（Barrel）単位（1バレル＝42米ガロン＝約159リットル）で取引される。表4(32頁)におもな原油の産油国と生産量を示す。

産油国はOPEC加盟国と非OPEC諸国に大別される。OPEC(石油輸出国機構，Organization of the Petroleum Exporting Countries)は1960年に結成され、当初は原油の価格形成を主導したが、表4に見られるように現在では産油量の割合は低下し、それにともないニューヨーク市場のテキサス産原油（WTI）やロンドン市場に上場取引されている北海産ブレンド原油、東京市場のドバイ原油が世界の指標原油となっている。

3-2　化石燃料としての石炭

石炭は、炭素を主成分とした固体の炭化水素であり、炭素は部分的にグラファイト化しており、残りはシクロパラフィンと類似の構造を有しており、ほかに酸素、窒素、イオウ、金属類などの元素を含んでいる。石炭は石油にくらべると特定の地域に偏らず埋蔵量が多いが、固体のため、採掘、運搬、貯蔵、燃料制御などの点で石油や天然ガスにくらべて不利であり、また、質量当たりの発熱量が低く、不燃性部分も多いため、かつて1次エネルギーの主役であったが減少しつつあり、現在では1次エネルギーの27%を占めている。

石炭は、古代の植物などが造山運動により土中、湖沼中に埋没し、地熱や地圧を長い期間受け、炭化したことにより生成した物質の総称であり、化石資源である。石炭中の炭素分の含有量によって表5(32頁)のように泥炭、褐炭、瀝青炭、無煙炭に分類される。

発電・製鉄などの燃料として使われるほか、コークス・コールタール・化学薬品などの原料ともなる。燃焼には、石油のように成分を分離することなく使用されるために、窒素酸化物（NOx）、イオウ酸化物（SOx）、金属を含む微粒子であるフライアッシュなどを排出し、世界各地で大気汚染の原因として問題になることが多い。

日本は、オーストラリア、中国、インドネシア、カナダから石炭を毎年1億6千万トン輸入しており、そのおもな用途は製鉄用（40%）と発電用（40%）である。

石炭は豊富な埋蔵量で安価であるが、固体であるため輸送コストが高く、燃焼制御にも難がある。そのため、石炭を液体や気体に転化させる石炭のガス化や液化がおこなわれている。石炭のガス化や液化は下記の化学反応式でおこなわれる。

$C(微粉化した石炭) + H_2O(高温の水蒸気) \rightarrow CO + H_2$

$CO + H_2O(高温の水蒸気) \rightarrow CO_2 + H_2$

$C(微粉化した石炭) + 2H_2 \rightarrow CH_4$

$nCO + (2n+1)H_2 \rightarrow C_nH_{2n+2} + nH_2O$

石炭を微粉末化して、高温の水蒸気と反応させると、水素ガス化反応が起きて一酸化炭素（CO）と水素（H_2）が生成する。生成した CO にさらに高温の水蒸気を加えて接触水性ガスシフト反応により二酸化炭素（CO_2）と水素が生成する。この水素と石炭を用いて、メタン（CH_4）や合成石油（C_nH_{2n+2}）が作られる。南アフリカが人種差別政策で国際的に孤立していた時代にこの化学反応で石炭から合成石油を得ていた。また、1960 年頃まで家庭用ガスはこの反応による $CO+H_2$ であったが、低熱量と毒性のため、石油ガスや天然ガスにおきかわった。

3-3 化石燃料としての天然ガス

天然ガスは天然に産する炭化水素ガスであり、主成分はメタン（CH_4）で、ほかにエタン（C_2H_6）、プロパン（C_3H_8）、ブタン（C_4H_{10}）などを含み、産地によっては水、二酸化炭素などを含む。燃料供給や燃焼制御が容易である一方、貯蔵面では小さい密度のために石油に劣る。燃焼に際しては、主成分がメタンであるため、$CH_4 + 2O_2 \rightarrow CO_2 + 2H_2O$ の反応となり、石油の燃焼反応 $CH_{2.2} + 3.1/2 O_2 \rightarrow CO_2 + 1.1H_2O$ にくらべて、熱量あたりの二酸化炭素の排出量は石油より少ない。火力発電や都市ガス、自動車の燃料の他、工業製品の原料に利用される。

天然ガスは石油と同様に動植物の遺骸などが長い年月を経て微生物の作用により分解され生成した化石資源である。原油に溶け込んでいた天然ガスが圧力の低下で噴出する油田ガスや石炭採掘時に産出する炭田ガス、水に溶け込んでいたものが水の汲み上げとともに噴出する水性ガスなどがある。確認可採埋蔵量は約 146 兆 m^3 といわれており [山口ほか 2002]、国別には旧ソ連が多く、ついでイラン、カタールなどがそれに続き、原油ほど偏在していない。

天然ガスは積み出し地までパイプラインで輸送した後に、加圧・冷却（-126℃）して液化させ、専用の冷凍船で輸送する。冷却の過程でメタン以外が除かれた天然ガスを液化天然ガス（LNG）と呼び、燃料として燃焼させた時には硫黄酸化物の排出がほとんどない特長をもつ。しかし、メタンの地球温暖化係数は 21 と大きいため、大気放出を避けなければならない。

3-4 化石燃料の代替化

先に見たように、石油の確認可採年数は約 40 年である。原油の不足・枯渇に対して、どのような対処法があるのだろうか。ひとつは従来の原油に代わる別の原油源であり、オイルサンドやオイルシェールと呼ばれるものを使うことであろう。オイルサンドは粘調な重質の炭化水素分を含む砂岩であり、原油のように油井から汲みあげることはできないが、地表に露出している部分を掘削し、岩石を熱して乾留して重

質油を得る。砂岩ではなく、頁岩の場合にはオイルシェールと呼ばれる。ガソリン留分はほとんど含まないが、含油率は 3 〜 18 ％にもなり、世界中にこの形で埋蔵されている重質油は 5 兆バレル以上と推定されている。しかし、重質油を得るには大量の廃棄土砂が発生するなど採算が難しかったが、近年の原油高で戦略的資源として見直されている。

　原油の枯渇に対処するもうひとつの方法は原油以外の化石燃料から液体燃料を得ることであり、先に見たように石炭の液化であり、また、同様に天然ガスを原料として合成石油を化学反応により作り出すことである。$CH_4 + H_2O \rightarrow CO + 3H_2$ の反応から CO と H_2 を取り出し、つぎに、これを原料に合成石油とする。

　このように天然ガスを液体に変換して得られる合成石油を "Gas To Liquid" から GTL と言う。GTL は、イオウや芳香族などの不純物を含まず、環境負荷が小さいエネルギー源として注目されており、日本ではエコ灯油の名称で販売されている。天然ガスの確認可採年数は約 60 年であり、長期の安定供給が可能と見られており、世界の各地で GTL プラントの計画がある。

　また、天然ガスの主成分であるメタンが高圧・低温下で水とある種の化合物を形成したメタンハイドレートが海底斜面やシベリアの永久凍土で見つかっている。メタンハイドレートは、0 ℃の温度では 23 気圧のもとで、また -80 ℃では 1 気圧のもとで安定に存在する。日本の近海だけでも日本の天然ガス消費量の約 100 年分に相当する量があると推定されているが [佐藤ほか 1996]、低コストで大量に採取する方法は技術的に確立されておらず、採取時にメタンハイドレートが一気に気化して大気中に拡散して地球温暖化を加速する可能性もあるために、開発を慎重にすべきであるとの意見もある。

4. エネルギーの将来
4-1　太陽光エネルギー

　太陽は、コア、輻射層、対流層、光球などの層よりなり、その中心は、2500 億気圧、温度は 1500 万 K に達し、熱核融合によって水素原子核がヘリウム原子核に変換されている。この際に 1 秒間に 3.8×10^{26} ジュールのエネルギーが放出され、数十万年かけて太陽表面にまで達し、宇宙空間に電磁波として放出される。

　太陽から放射されて地球に到達するエネルギーは、大気圏外で $1.38 kW/m^2$、地表では $1 kW/m^2$ 程度である。地球の半径は 6378 km であり、地表に到達する全エネルギーは 1.3×10^{14} kJ/ 秒であり、約 1 時間分が全世界の一次エネルギー消費量（原油換算約 106 億トン）に相当する。太陽エネルギーの 1 時間分すべてを捕集すれば、全人類が 1 年間に必要なエネルギーになる。このように、太陽エネルギーは莫大な量であり、尽きることもなく、また、環境に対する負荷もないことから理想的なエネルギーである。しかし、それを利用するには、エネルギー密度の低さと時間的な変動を克服しなければならない。

　太陽光発電は、太陽電池に光が当たると電気が発生する効果を利用し、太陽光から直接電気を発生させる。太陽電池はおもにシリコンを原料として N 型と P 型の半導体を重ね合わせたものであり、単結晶シリコン太陽電池、多結晶シリコン太陽電池、アモルファスシリコン太陽電池、シリコン以外の化合物太

陽電池がある。単結晶シリコン太陽電池は光から電気への変換効率が最も高く、20％を越すものもある。
　もっとも多く市販されているものは多結晶シリコン太陽電池で、変換効率は14％前後である。太陽電池は発生した直流電流を交流に変換するインバーターなどとセットのシステム価格で販売されており、最近では約60万円/kWにまで低下した。1kWの太陽電池の年間発電量は約1100kWhであり、日本の年間発電量9400億kWh/年に必要な太陽電池面積は約6100 km^{2}となり、愛知県（5200 km^2）よりやや広い面積が必要である。また、世界の総発電量は約17兆kWh/年であり、発電に必要な太陽電池面積は約10万km^{2}であり、これは世界の砂漠の数％に相当する。わが国においては、64万kWの設備が既に設置されており、2010年度までに約500万kWが導入目標となっている[経済産業省 2005]。
　太陽の熱エネルギーを太陽集熱器で集めて水を温めて給湯などに利用するシステムもある。ソーラーシステムと呼ばれるもので、設置コストも比較的安価で、給湯、冷暖房などのエネルギー源として活用されており、国内の普及率は十数％に達する。

4-2　風力発電

　風力エネルギーは更新性エネルギーのひとつであり、風力発電は風車の回転を発電機で電気エネルギーに変換するものである。風力発電は、小規模分散型電源であり、比較的に発電コストが低く、事業化が容易であり、夜間でも発電が可能である。とくに、離島などの燃料の確保が容易でない送電コストが高い地域の電源として有望である。また、災害などの有事の影響を受けにくいなどの特長をもつ。
　一方、風向きや風速が一定でなく出力が安定せず、また、比較的大きな面積が設置に必要であり、風切り音や遮光の問題や鳥などへの影響、さらには景観を害するおそれなど、設置に関して十分な環境影響調査を必要とする。
　風力発電では風況が重要であり、高所で障害物のない場所ほど効率よく風を捕えることができるため、高い搭に直径が大きい羽（ブレード）の大型風力発電機が増えている。最近の風力発電は出力1500kW～2000kWのものが標準で、搭の高さは60～100mでブレードの直径は60～80mである。コストは25万円/kW程度であり、電力が10円/kWhで売れれば稼働率が22％程度でも事業採算性がある。
　風力発電の全世界の期待可採量は、世界の電力需要量の数倍に相当すると推定されており、莫大である。また、日本でもNEDO（新エネルギー・産業技術総合開発機構）による風況調査で有望な地域が多く存在するとされており、風力発電の陸上の期待可採量は日本の総発電量の7～10％と言われており、さらに洋上（オフショア）発電まで考慮すれば20～30％程度に達するとの推定もある[牛山 2005]。
　世界の設備容量は、2006年末で7420万kWであり、1年で25％も増加している。ドイツ、スペイン、アメリカでは設備容量が1000万kW以上にもなり、欧州全体で4000万kW以上にも達する。2010年には京都議定書に定められた温室効果ガスの削減量の3分の1に相当する設備容量になると推定される[飯田 2007]。日本の風力発電の設備容量は139万kWであり、2010年度までの導入設備容量の目標は300万kWであり、欧米諸国にくらべて普及が遅れている。

自然エネルギー利用による発電の取り組みが遅れていたわが国でも、「電気事業者による新エネルギー等の利用に関する特別措置法」が2003年に施行された。この法律は、Renewable Portfolio Standardの頭文字からRPS法と呼ばれ、再生可能エネルギーである太陽光発電、風力発電、地熱発電、小水力発電、バイオマスに由来するエネルギーなどを、電気事業者にその販売電力量に応じて一定割合以上の利用を義務付けたものである。この法律の施行によって、風力発電など再生可能エネルギーの事業採算性が向上しつつある。

　風力発電は、性能の向上の技術開発がさかんにおこなわれている。風力発電は短時間でも長時間でも出力変動が激しく、実用において支障がない程度まで出力の平滑化や負荷追従をおこなう必要があり、風力発電機に平滑機能を持たせることやほかの調整力に富んだ電源（火力発電、貯水式水力発電など）と組み合わせることが必要になる。また、台風など風速が過大の場合には、風力発電機の定格を大幅に超えることになり、ブレードの破損などを招くために、速度を抑制するか、一時的に発電を停止するなどが必要である。また、ブレードへの落雷は地域によってしばしばおこり、ブレードが破壊されて風力発電を停止せざるを得ない事態になることもあるので雷に対応した機種の開発が進められている。また、ブレードの回転による騒音が問題になることもあったが、近年改善された。

　これらの技術的課題のほかに、ブレードの回転による日の出や日の入りの間断な遮光が時として問題になる。わずかな時間であるが、気をつけておきたい環境影響である。さらに、鳥のブレードへの衝突死も地域によってはあったが、鳥の視認できる色を用いることで大きな脅威ではなくなりつつある。また、景観への影響は、あらかじめ設置景観図を描き、事前に地域住民に意見を聞き、地域の同意を得ることが重要である。

4-3　バイオマスエネルギー

　バイオマスエネルギーとは、生物由来の資源を燃料としてエネルギーに利用するものであり、植物の光合成で生産される物質（たとえば糖類やでんぷんなど）をエネルギー資源として利用するものである。エネルギーとして消費されても植物によりまた再生されるため更新性エネルギーに分類される。

　地球上の植物は太陽エネルギーを高い効率で化学物質に変換しており、毎年生産されるバイオマス量は世界のエネルギー消費量の10倍にも達する。古来から利用されてきた薪や菜種油などもバイオマス燃料である。現在では、トウモロコシ、サトウキビなどや食用油からエタノールや石油燃料の代替物を得たり、家畜し尿や食品廃棄物などからメタンを得たり、木質による直接燃焼を利用して冷暖房や発電に利用したり、さらに製紙パルプ製造工程で発生する廃棄物の黒液を利用した発電などが主なバイオマスエネルギーである。

　バイオマス由来の燃料は収集・輸送や生産のコストなどの点で化石燃料にくらべて割高であり、バイオマスをエネルギー源として利用するには、効果的にシステムを組み合わせることが重要である。可燃ごみに含まれている生ごみを分別回収し、その生ごみからメタンを得る場合も、ごみ発電にそのメタンを導入して高効率の複合発電をするなど相乗効果を上げる組み合わせになる工夫がいる。

原油の高騰や CO_2 問題により、バイオマスから得たエタノール（バイオエタノール）を自動車の燃料として利用することが世界的にはじまっている。世界のバイオエタノールの生産量は約 5000 万 kl であり、ブラジルやアメリカがおもな生産国である。ブラジルは大量に栽培しているトウモロコシやサトウキビなどからバイオエタノールを生産し、100% エタノール燃料の自動車を政策的に普及させている。

　アメリカでも原油の高騰を抑制するために、ガソリンにバイオエタノールを 15% 混合した E15 や 85% 混合した E85 を普及させようとしている。わが国ではアルコールを含む燃料を自動車燃料として販売したことがあったが、税をめぐる解釈から法律が新たに施行され、アルコールを含む自動車燃料を販売することが厳しく制限されており、ガソリンに 3% アルコールを混合した E3 の市販が 2007 年 10 月にようやく実現した。

　世界的にバイオマスエネルギーの利用は注目されているが、一方で生産される穀物を食料用と燃料用に取り合うことになり、これらの穀物の国際価格が急激に上昇しており、食料不足に悩む発展途上国に深刻な影響が出ることが懸念される。

4-4　その他の更新性エネルギー

　太陽光発電や太陽熱利用、風力発電、バイオマスエネルギーについてすでに述べたが、ここではそれ以外の更新性エネルギーについて述べる。

　われわれは更新性エネルギーを持続可能エネルギーと呼び、またこれらを新エネルギーと呼ぶことがある。しかし、われわれが使う新エネルギーと公的機関が使う「新エネルギー」は、ことばの定義が異なるので注意が必要である。「新エネルギー」とは、1997 年に制定された「新エネルギー利用等の促進に関する特別措置法」（通称「新エネ法」）で定義された「法律」用語であり、われわれが呼ぶ新エネルギーに加えてコージェネレーション、クリーンエネルギー自動車、燃料電池など、産業政策的な意味をもった「新エネルギー」であり、更新性エネルギーと呼べないものも含んでいる。

　ごみ発電は廃棄物発電とも呼ばれ、廃棄物の焼却時に発生する高温で水蒸気を作り、発電する。通常、火力発電の熱効率は 40〜48% にもなるが、ごみ発電の効率は 8〜15 % である。これは、可燃ごみに含まれる塩分により発生する塩化水素が水蒸気発生器を 300℃以上で著しく腐食させるために、発生する水蒸気温度を 300℃以下に抑制しなくてはならないため、発電効率が低くなることによる。ごみ焼却は、ダイオキシンの発生などを抑制するために大量の電気を必要とし、中小のごみ焼却施設では発電よりも消費する電気の方が多い。さらに、分別により可燃ごみに含まれる水分量が多くなって燃え難く、時として石油を導入して燃焼させることもある。生ごみメタン発酵施設などとの組み合わせで、高効率のごみ発電をおこなうとともに生ごみ分別の推進により燃えやすいごみとする普及啓発活動も重要である。

　水力発電は代表的な更新性エネルギーのひとつであり、わが国の総出力は約 2200 万 kW である。多くの河川がすでに開発されていて新たなダムの設置場所がかぎられ、また、環境に対する影響が大きいなど、揚水発電を除いて新規の水力発電の開発はほとんどない。一方、中小河川、用水、下水などを利用した中小水力発電は未利用であり、可採可能量は約 1000 万 kW にもなり、今後の開発が望まれる。

海洋エネルギーは、波や潮の干満や海流などの力学エネルギーや海水の温度差の熱エネルギーなどがある。波力発電は波の力を利用して発電するものであり、航路標識など小規模なものは実用化されている。潮汐発電は、潮の干満のエネルギーを利用するものであり、日本では適地は少ないが、世界では潮の干満の差が10mを越える適地がある。また、海水の表面の温度と深い場所の温度差を利用して発電をおこなうものもあるが、環境への影響を十分考慮しなければならない。

地熱エネルギーは、地熱蒸気・熱水を取り出し、発電や暖房などに利用するもので、岩手県雫石地区などでおこなわれている。

4-5 燃料電池と幻の水素エネルギー

燃料電池は、燃料を電気化学反応で燃焼させて電気を取り出す装置であり、燃料を化学的に燃焼させて熱に変換して発電機のタービンをまわして発電する装置とは異なる原理で発電する。燃料電池の実用発電効率は30〜45％であり、小型でも発電効率は低下しないが、内燃機関の発電効率25〜45％にくらべて、必ずしも高い効率ではない(*1)。燃料は水素を用いる場合と炭化水素を用いる場合がある。水素を用いた場合、生成するのは水だけであり、クリーンであるが、燃料である水素は石油類などから得るために、その過程でCO_2が排出される。また炭化水素を燃料とした場合にもCO_2が排出される。

太陽電池や風力発電の電気で水を電気分解して燃料の水素を得る場合の効率は約80％であり、燃料電池の発電効率を40％であると仮定すると、総効率は32％となり、3分の2のエネルギーが無駄になる。コストや効率の点からこのようなシステムは非現実的である。また、イオウ源や窒素源が水素燃料に含まれると燃料電池の電極が著しく劣化する。そのために、効率やコストを犠牲にして燃料を浄化するため、燃料電池システム全体の発電効率は現状の火力発電所とほぼ同等であり、コストは将来も数倍以上である。

また、家庭で発電し、熱をコージェネレーションで供給すると高いエネルギー効率になるが、電気と熱の使用時間帯が異なるために、高いエネルギー効率を保つのは容易でない。

固体酸化物型燃料電池は石油を浄化せずに燃料として使うことができ、発電効率は約40〜45％である。火力発電にくらべて高い効率ではないが、複合化発電をおこなうことで、50％以上の発電効率が期待できる。現状ではコストや耐久性などに課題があり、実用化するには多くの課題が存在する。

水素エネルギー社会という言葉を耳にするが、地球上に水素化合物は存在しても、水素(H_2)は自然には存在しない。そのために、水や炭化水素から水素を得る。つまり、水素は1次エネルギーから製造する2次エネルギーであり、電気と同じ位置づけであり、水素エネルギー社会をいくら議論してもエネルギー資源問題の本質とならない。

水はエネルギー的に最も安定な水素化合物であり、そこから水素を取り出すにはエネルギーを投入して水を分解する必要があり、その投入エネルギーは水素が水を生成するエネルギーよりも大きい（水分解時の投入エネルギー＞水生産時に得られるエネルギー）。また、燃料電池の発電効率が50％を越すことは難しく、水の電気分解に必要な投入エネルギーの3分の1程度のエネルギーが得られるだけであり、水

(*1) エネルギー効率を論ずる場合、理論効率と実用効率を分けて比較しなければならない。燃料電池の理論効率と内燃機関の実用効率を比較し、燃料電池の効率が高いと間違った結論をくだしていることがしばしば見受けられる。

を電気分解して生成した水素で燃料電池を運転して電気を得ることはエネルギーの無駄使いである。更新性エネルギー源を用いて水を電気分解しても、先に見たように効率やコストの点で劣っており、将来に水素エネルギー社会に移行するとは到底思えない。

4-6 自動車のエネルギー効率

自動車は、われわれの社会に多くの利便性をもたらし、生活に、通勤に欠くことができない。その便利さ故に、モータリゼーションが世界的規模で広がり、石油需要も急激に増大している。環境・エネルギー資源問題の点からエネルギー効率が良く、環境負荷の小さい自動車の開発は極めて重要である。

自動車のエネルギー効率の詳細な結果が2006年3月に経済産業省が主導する「水素・燃料電池実証プロジェクト」から報告された［JHFC総合効率検討特別委員会 2006］（以下、JHFC報告書と略す）。委員会の参加メンバー、構成、陣容などの点から算出された数値そのものの信頼性は高いと思われる。

JHFC報告書では、乗用車として、ガソリン自動車（G-Vと以下略す）、ディーゼル自動車（D-V）、ガソリンハイブリッド自動車（G-HV）、ディーゼルハイブリッド自動車（D-HV）、燃料電池自動車（FCEV）、電気自動車（EV）を選び、それらの使用する燃料が精製されて乗用車の燃料タンクに運ばれるまでのエネルギー効率（well to tank）と乗用車のエネルギー消費効率（tank to wheel）までを算定し、各乗用車の総合エネルギー効率（well to wheel）を算出している。

G-VおよびD-Vは現行のシステムに基づいて算出されており、信頼性は高く、1 km走行当り1次エネルギー投入量（10・15モード）の総合エネルギー効率は、G-Vが2.7 MJ/km（メガジュール/km）、D-Vが2.0 MJ/kmと計算されている。ここでは低い数値が高いエネルギー効率であることを示す。また、G-HVでも、市販されているハイブリッド車を参考にしており、総合エネルギー効率は1.7 MJ/kmであり、G-Vを1とすれば0.63となり、3分の2の燃料消費で済むことになる。また、D-HVの総合エネルギー効率は1.2 MJ/kmと算出されている。EVの総合エネルギー効率は電力会社や電気自動車のデータから0.94 MJ/kmと計算されている。FCEVの総合エネルギー効率は、1.5 MJ/kmと計算されている。エネルギー効率の良い順序はEV ＜ D-HV ＜ FCEV ＜ G-HV ＜ D-V ＜ G-Vであり、電気自動車が最も優れ、次に、ディーゼルハイブリッド自動車であり、燃料電池自動車は必ずしも高いエネルギー効率ではない。

電気自動車は、再生可能エネルギーである風力発電や太陽光発電の課題である電力変動に対処することが可能で、持続可能性に優れているが、コストが割高になる。このような点から、数10km程度の距離を電気自動車モードで走ることが可能で、遠距離はハイブリッドで運行可能な、プラグイン（plug-in）ハイブリッド自動車が将来の自動車であると期待されている。

(表1) 世界の資源別のエネルギー量

	石油	天然ガス	石炭	ウラン
究極埋蔵量	2兆bbl	204兆m^3	11兆t	
確認可採埋蔵量	1.034兆bbl	146.4兆m^3	9842億t	436万t
可採年数[年]	41	61.9	230	72
地域別可採量[%]				
北米	6.2	5.0	26.1	17.4
中南米	8.6	4.3	2.2	6.2
欧州	2.0	3.5	12.4	3
中東	65.4	33.8	0	0
旧ソ連	6.3	38.7	23.4	31
アジア・太平洋	4.3	7.0	29.7	25.1
アフリカ	7.2	7.7	6.2	17.4

[山口ほか 2002:114]

(表2) 日本における市販ガソリンの種類と組成

市販ガソリンの種類	オクタン価	パラフィン類	オレフィン類	ベンゼン類
ハイオクガソリン	98	53.9%	5.9%	40.2%
レギュラーガソリン	91	59.1%	9.5%	31.4%

[筆者作成]

(表3) 原油の産地別組成

油種	比重	ガソリン分	灯油分	軽油分	残油分	イオン分
アラビアンライト	0.852	25.0%	13.5%	13.5%	48.0%	1.7%
イランニアンヘビー	0.870	20.2%	12.5%	13.8%	51.9%	1.7%

[筆者作成]

(表4) 原油の主な産油国と生産量

産出地域	産油量（万バレル/日）
サウジアラビア	770
旧ソ連	729
アメリカ	598
北海油田	570
イラン	346
中国	320
メキシコ	293
ベネズエラ	278
UAE	206
クウェート	188

■はOPEC加盟国　　　[筆者作成]

(表5) 石炭の種類と成分および発熱量

		泥炭	褐炭	瀝青炭	無煙炭	木炭
成分(%)	炭素	60	60-75	80-90	>90	84-90
	灰分	5-20	3-30	10-12	2-10	2
	水分	20-30	15	8	2	0-6
発熱量(kJ/g)		9-18	25	27-29	29-31	25-31

[太田 1976:22]

参考文献

電気事業連合会, n.d.,「原子力・エネルギー」, /www.fepc.or.jp/。
飯田哲也, 2007,「持続可能なエネルギーは誰のものか」,『資源環境対策』, 43:29-38。
JHFC総合効率検討特別委員会, 2006,『JHFC総合効率検討結果報告書』, 財団法人日本自動車研究所。
経済産業省, 2005,「総合エネルギー調査会需給部会資料」。
太田時男, 1976,『エネルギー・システム―多様化時代への提言』, NHKブックス, 日本放送出版協会。
佐藤幹夫, 前川竜男, 奥田義久, 1996,「天然ガスハイドレートのメタン量と資源量の推定」,『地質学雑誌』, 102:959-971。
資源エネルギー庁, n.d.,「IEA/World Energy Outlook 2000」, /www.meti.go.jp/。
山口勝三, 菊池立, 斉藤紘一, 2002,『環境の科学―われらの地球、未来の地球』(改訂版), 培風館。
牛山泉, 2005,『風力エネルギーの基礎』, オーム社。

第3章 経済開発と環境問題

内藤 能房

1．現在われわれが直面している「環境問題」とはいかなるものか

　「環境問題」が世界全体で早急に取り組まなければならないグローバルな問題として認識されてからすでに久しい。1992年は、ブラジルのリオデジャネイロで「国連環境開発会議」（いわゆるリオ・サミット／地球サミット）が開催された画期的な年であったが、その年の世界銀行による『世界開発報告1992』は、「開発と環境」をテーマとして編集され、そのなかで「開発のために環境面に優先順位をつける」ことを提唱し、以下のような事実を指摘しています（＊1）。すなわち、貧困国においては、①汚れた水がもたらす下痢は、毎年200万人の子供を死亡させ、約900百万例の病気を発生させる。②木、木炭、糞を燃やすことによる屋内空気汚染は、400〜700万人の健康を損なう。③都市空気中の塵および煤は、年に30〜70万人の早死をひきおこす。④土壌浸食は、年にGNPの0.5〜1.5％の経済損失を生じさせることがある。⑤灌漑地全体の4分の1が塩害を被っている。⑥約140万人の人びとの生活の主要な源泉である熱帯林は、年率0.9％で失われている。

　これらの状況は依然として改善されておらず、『世界開発報告2003―ダイナミックな世界における持続的開発』においても、「開発途上国の疾病や早死の11％は、上下水道施設および都市や屋内の空気汚染からくる環境上の健康リスクが原因である」と分析されています（＊2）。さらに、成層圏のオゾン層の減少、生物多様性の低下、そして温室効果ガスによる地球温暖化が、われわれの生活にさまざまな悪影響をおよぼしていることは、紫外線による発ガン被害、絶滅危惧種の増加、北極の氷の大量溶け出しなどの記事に報じられているように、周知の事実です。

　上記のごとく、一口に「環境問題」と言っても、その中味は一様ではありません。まず最初に、そのあらわれる対象ごとに整理しておきましょう。現在、われわれが直面している「環境問題」は、水資源に関するもの、大気に関するもの、固定および有毒廃棄物に関するもの、土地と生息地（森や水面）に関するもの、そして生物種の多様性に関するものとに、分類できます。水資源に関しては、安全な上水の確保と海洋汚染を含めた水質汚染の問題。大気に関しては二酸化炭素やメタンやフロンガスの排出等による温室効果、有害粒子状物質等ならびに硫黄酸化物や窒素酸化物による大気汚染や酸性雨の問題（＊3）。固定および有害廃棄物については、燃焼による大気汚染や土壌汚染経由の健康問題。土地と森林に関しては、土壌劣化（＊4）（砂漠化、侵食、および塩害または浸水）と森林破壊問題（＊5）。そして生物種の多様性については、人間の利用のため生息地―海岸や淡水の湿地、珊瑚礁―の喪失および細分化、また森林や漁業資源の過剰利用、種の導入および公害に起因すると考えられる生物多様性（遺伝子情報、種および生態系を併せ含む）の低下問題（＊6）。

　われわれは、現在、以上のような種々の「環境問題」に直面していますが、問題解決の点から見て対策のありようも異なる、3つの次元に分けて整理する必要があります。すなわち、①局地的であるが甚大な被害をもたらす環境問題（水俣病や四日市喘息など）。これらは被害者も加害者もかなり明白に特定化できるので、対応ならびに対策が比較的単純です。②より広域的で慢性的な被害をもたらす環境問題（浮遊粒子状物質による都市大気汚染や国境をこえる酸性雨や黄砂など）。加害側は特定できますが、被害側は広範囲におよび、国境を越えた場合は規制や被害補償は困難です。③地球規模での対応が要求さ

（＊1）世界銀行『世界開発報告1992』43ページ。
（＊2）世界銀行『世界開発報告2003』44ページ。
（＊3）酸性雨とは、産業活動や自動車による化石燃料の大量燃焼により発生した硫黄酸化物や窒素酸化物が水蒸気と反応して、硫酸や硝酸の雨となって降るもので、土壌を酸性化し、その結果アルミニウムがイオン化して植物の根を傷めることによって森林を枯らしていると考えられています（吉田邦久『好きになる生物学』219ページ）。
（＊4）1950年以降、世界全体で200万ヘクタール近くの土地（すべての農耕地、牧草地、森林および森林地の23％相当）が劣質化しており、そのうち16％は劣化の度合が高度であるという（前掲『世界開発報告2003』4ページ）。
（＊5）森林伐採も非常な速さで進行しており、1960年以降、すでに熱帯林の5分の1が伐採されている。しかも森林破壊は発展途上国に集中しており、1980-95年間に約2億ヘクタールが失われた（前掲『世界開発報告2003』4ページ）。
（＊6）各地における一連の絶滅により、動植物の種類は20世紀初頭とくらべ減少し、多くの動植物が特定地域に固有の種となってきている。世界のサンゴ礁の58％、魚類の34％は人間活動によって危機に瀕している（前掲『世界開発報告2003』4ページ）。

れる環境問題（オゾン層の破壊（*7）や温室効果ガス排出によると考えられる地球温暖化問題）。世界中の不特定多数が被害者であり、同時に加害者であるので、その解決・緩和にはグローバルな意思（*8）（たとえば、モントリオール議定書や京都議定書の調印）が不可欠となります。

環境問題とりわけ地球環境問題は、現象としては、旧環境庁の定義にあるように、オゾン層の破壊、地球の温暖化、酸性雨、熱帯林の減少、砂漠化、発展途上国の公害、野生生物種の減少、海洋汚染、有害廃棄物の越境移動とさまざまな形であらわれますが（*9）、その問題の重大性は、これらの問題が時間的にも空間的にも長いそして広い拡がりをもって、われわれの生態系（生物群集とそれを取り巻く無機的環境を一体として捉えたもの）に対して多面的かつ超長期に亘って深刻な影響をおよぼすことです。

時間的拡がりについては、地球環境（資源を含む）の有限性にもとづくものと、俗称で環境ホルモンといわれる「外因性内分泌かく乱物質」（DDTやPCBやノニルフェノールやフタル酸エステルなどの合成化学物質）の次世代以降への影響にもとづくものがあります。両者とも、現世代の振舞いが次世代に負の効果を与える可能性があることは共通しています。

「持続可能性」（sustainability）が重大視されなければならない理由もここにあります。前者に関して言えば、地球環境の有限性のもとにおいて、現世代が環境を汚染しながらも生存を脅かされるほどの環境悪化を経験せずに生き延びられたとして、現世代による欲望充足の結果としての環境への大きな負荷が次世代の人びとの生命環境を損ない、かれらの生存を危うくするなら、そのことは許されるべきことではありません。他方、後者に関連しては、いろいろな人工化学物質が生殖機能に影響をもたらす可能性があることは以前から指摘されていましたが、大きく社会問題化したのは1996年にアメリカのシーア・コルボーンらが『奪われし未来』（Our Stolen Future）を出版して、「残存DDTの影響による卵の孵化失敗、生殖器官異常の発生、鳥の嘴の形態異常など」を報告してからです（*10）。つまり、これらは将来世代に悪影響をおよぼす意図せざる環境問題ということができます。いずれにせよ、「持続可能な開発（*11）――現在の世代が将来世代自らのニーズを充足する能力を損なうことなく、現世代のニーズを満たすような開発」が要請される訳です。

一方、空間的拡がりとは、地球上の豊かな国ぐに（北の先進諸国）の人びとの生活（過去の所業を含む）と貧しい国ぐに（南の発展途上諸国）の人びとの日々の暮らしならびに今後のかれらの経済発展とのあいだに関連があるということです。

これに関する南側の発展途上国の人びとの主張は、「産業革命以来の先進国の諸活動こそ地球環境を悪化させた張本人であり、その結果として、たとえば地球温暖化による海面上昇で国土が消失することや、工業化を推進して豊かになる機会が地球環境問題悪化を理由に制約されるなど、被害を受けるのはわれわれ南側であるというのは不公正である」というものです。さらに、自分とその家族の日々の食料を確保することにきゅうきゅうとし、今日を生き延びて初めて明日があるというような貧困な人びとにとって、今日の糧を得る行為がたとえ将来の環境資源基盤を損なう（たとえば熱帯林の破壊）こととなり、明日の糧を奪うことになったとしても、その行為を非難することは誰にもできないということです（*12）。つまり、環境問題を考えるとき、次世代以降という時間的な考慮と同時に、現在、「宇宙船地球号」に同乗して

（*7）1980年代の初め頃から南極上空のオゾン量が少なくなってきたが、フロン（CFC：クロロフルオロカーボン）中の塩素によるオゾン分子の破壊により、有害な（遺伝子を傷つける）紫外線が地表面に届く量が多くなって突然変異や発ガンをもたらしている。
（*8）1987年に調印された「オゾン層を破壊する物質に関するモントリオール議定書」（1989年発効）は、オゾンを減耗させるCFCとその関連物質の消費、排出を抑制することを目指したものであったが、環境面で「地球規模の悪化」に対処する国際協定として画期的なものである。一方、1997年に第3回気候変動枠組み条約締約国会議で調印された「京都議定書」（2005年発効）も地球温暖化防止に向けて、具体的な温室効果ガス削減目標を国際的に確認したもので、不参加の開発途上国も含めて、グローバルな意思を反映したものと考えてよかろう。
（*9）環境庁編『平成2年度版環境白書（総説）』1990年、100ページ。
（*10）吉田邦久『前掲書』214-215ページ。
（*11）この「持続可能な開発」という概念が一般に知られるようになったのは、「環境と開発に関する世界委員会」（通称ブルントラント委員会）が1987年に提出した報告書『Our Common Future（われら共有の未来）』（邦訳は大来佐武郎監修『地球の未来を守るために』）によるもので、定義内容もこれに拠っている。
（*12）この認識は、藤崎成昭氏（同氏編『地球環境問題と発展途上国』24ページ）と共通している。

いる、発展途上国の貧しい人びとの「貧困の解消」という空間的な配慮が必要になってくるのです。

以下、主として、この「貧困の解消」という観点を重視して、「持続可能な開発」の視点から、「経済開発と環境との関係」を考えてみたいと思います。

2. 環境問題の背景には何があるのか──開発との関係と環境の「外部性」

そもそも、前節でその内容の概要を明らかにした「環境問題」は、従来の「経済開発」つまり近代以降のライフ・スタイルが、環境負荷を高め、生態系の復元性（再生可能性）に悪影響をおよぼすことによって惹起された問題なのです。ここでは、近代の経済開発の内実を解剖することによって、開発と環境悪化との関係を簡単に見てみましょう。

「経済開発」（Economic Development）とは、一般的に、主権国家が経済社会の発展および国民の福利（welfare）の向上──さしあたり当該国民の所得水準の上昇で測る──をめざして、経済資源を生産に振り向け、その生産額を高めることです。この場合の生産は、直接、自然に働きかけそこから産物を獲得する第1次産業（農林水産牧畜・鉱業等）、二次的な加工を伴う第2次産業（製造業・建設業）、そしてモノではない各種サーヴィス（役務）を提供する第3次産業（運輸・倉庫、商業、金融・保険、情報・通信、医療、電力・ガス・水道、公務、その他サーヴィス）の3つの分野で展開されますが、この生産活動ならびにそれらの生産物（サーヴィスを含む）を消費する活動がわれわれの生態系にさまざまな影響をおよぼすことになります。ここに、開発と環境との接点が生じるのです。

人類の生活は、有史以来長いあいだ、農業を中心とする1次産業的活動、動力を伴わない手工業、そして広範な商業活動により成り立っており、その間の地球人口規模を考慮すると、生態系への環境負荷は充分許容範囲内にあったと推測されます。人類は今日いうところの「環境問題」を意識する必要がなかったわけです。

しかしながら、18世紀後半以降の西欧におけるいわゆる「産業革命」を経て、製造業を中心とする第2次産業的活動の比重が高まり、同活動が生み出す生産額と同活動に従事する人口が大幅に増大しました。この過程こそ正に「工業化」（Industrialization）であり、発展する国ぐにの「経済開発」の推進力は「工業化」にあったと言っても過言ではありません。この工業化を支えた原動力は蒸気、電気、ガソリン／ディーゼル・エンジン、原子力といった動力の利用による機械化の進展と輸送手段（船舶・機関車／電車・自動車・航空機）の高度化ならびに鉄鋼、アルミニウム、プラスティクス等の工業用素材の多様化ですが、これら変化に伴う使用エネルギー（とりわけ石炭・石油といった化石燃料）の飛躍的増大が環境に与えた負荷（近年における商業エネルギー利用の拡大と二酸化炭素排出量の増大については表1：42頁を参照）が生態系の許容範囲を超えて人間に被害をおよぼすようになったのが、環境問題の発端ということができます。

この過程で環境への負荷は人口増に伴う生産（食糧生産を含む）規模の拡大とともに増大の一途をたどりました。たとえば、増大する人口を養うための食糧増産に伴う土地・森林、水への負荷の拡大、化石燃料に依存した農業生産の拡大による大気への負荷増大、工業製品大量生産のための工業用水や大気

への負荷増大と大量の固定・有害廃棄物の現出、さらには、20世紀に入ってからのガソリン自動車を中心とするモータリゼーションの進展と冷暖房完備などエネルギー多使用な生活様式はその排気物が環境を直接汚染し、地球の温暖化に関連するという意味において、産業面のみならず生活面から環境問題を深刻化させることとなっています。

　他方、今日の「環境問題」の深刻化を考えるとき、そもそも「環境」という資源の特性が環境の「過剰使用」と「過少供給」という「環境問題」を生み出している側面を理解しておく必要があります。つまり、環境資源（水、大気、森林、漁業資源など）には、経済学で言うところの「外部性」（ある人の使用が対価なしに考慮外の便益あるいは費用を他人にもたらすという性質）が存在するので、市場を使って環境資源の使用を割り当てたり、必要と認められるときに、供給を拡大したりすることが難しいのです（「市場の失敗」(＊13)の一例）。なぜならば、環境資源の多くは私的財産権が明確に定義されていないので、その使用について対価を請求できないからです。その結果、個人あるいは集団に、環境資源を保全ないし供給しようという誘因がほとんどないばかりか、保全ないし供給に努めている他人の努力にただ乗りしようという誘因が働き、沿岸漁業における乱獲や森林資源の減少という社会的な観点から見ての「過剰使用」や「過少供給」に陥ってしまうのです。

　さらに問題を複雑にしているのが「環境問題」の波及効果(外部性)が散らばった大集団におよんでいるという点です。このため取引コスト（解決のために関係者を組織化し、交渉する費用）が高く、問題の市場的解決が困難となり、政策介入と支持制度が登場することとなります。しかしながら、「市場の失敗」を是正するための政策介入の結果がまた別の一連の問題を引起すことになります。歪んだ補助金の存在がこれです。

　当初は利用不足の財あるいはサーヴィス（肥料、電気、水など）の使用を刺激するために導入された補助金が有意義な期間を超えて存続し、環境に対して有害な結果（アメリカにおける砂糖補助金によるフロリダ南部エバーグレード湿原の環境破壊(＊14)やインドの電力補助金による地下水の過剰取水(＊15)など）をもたらすことになりました。歪んだ補助金が環境にマイナスの効果を与えている例は、このほかにも枚挙にいとまなく、先進国および途上国の両方での化石燃料向けエネルギー補助金は、環境に著しく有害な影響を与えているばかりでなく、環境負荷の小さい代替物を見つける誘因をも低下させています。このような補助金は貧困者扶助のために必要であるとよく言われますが、貧困者が得をすることは稀でしかありません。

　以上のように、「環境問題」の原因は、工業化や生活の近代化による化石燃料エネルギーへの過大な依存にせよ、人口増や「市場の失敗」や「政策の失敗」による環境の過剰使用・過少供給であろうと、いずれにせよ、われわれの所産（活動の結果）にあることに変わりありません。だとすれば、これを解決（解消できないにしても緩和する）するためには、われわれの宇宙観を含めたものの考え方、生活様式、そして行動そのものまでを真摯に再検討しなければならないのです。次節では、「持続可能な開発」の枠組みをどのように構想すればよいのかを考えてみましょう。

(＊13)「市場の失敗」とは、市場が、純粋公共財の存在や競争の失敗や外部性の存在や完備していない市場や情報の不完全性などの欠陥によって、効率的な資源配分を実現できないこと。

(＊14) この湿地帯の水質を改善するには78億ドルの現状復旧費用がかかると推定されている（『世界開発報告2003』52ページ）。

(＊15) このような地下水の過剰取出により飲料水の入手が困難となり、水不足の地域で水集約的な農作物が奨励されるという結果をもたらしている（『世界開発報告2003』50ページ）。

3.「持続可能な開発」を可能とする「環境資産」の管理

　今日、世界には前節で解説した「工業化」の恩恵に浴していない膨大な人口が存在しており、かれらは経済開発に伴う生活水準の向上を希求しています。経済開発が環境に負荷を与えるからといって、経済開発によって豊かになる機会を彼らから奪う権利は誰にもありません。

　ところで、自然環境はその存在自体によって、たとえば自然を楽しむという能力を通して、直接的に人間の福利を高めます。また生産や物質的な「福利」への貢献を通じて、間接的にも人間の福利を高めます。森林、魚類、自然エネルギー（風力や水力など）といった天然資源は、生産や公益事業に対する投入物としての「源泉機能」を持つと同時に、生産や消費が生み出す再利用不能な産出物（人間活動が生み出す汚染された空気、水、土壌や廃棄物）を浄化する「流し台機能」も有しています（＊16）。たとえば、熱帯林の存在は、家具や家屋用の木材を提供すると同時に、洪水の抑制や暴風からの保護により穀物生産の確保をもたらし、さらに森林がもつ複雑な生態系上の機能は数多くの生物種（これらは人間に物質的・美的な悦びを与えてくれると同時に森林の機能と生存にとっても重要）の生命維持に役立っています。このように、自然環境は全生命体の福利が依存している重大な「生命維持サーヴィス」を提供していますが、このサーヴィスを人工的な代替物で完全に取って代わらせる方法は、目覚しい技術進歩にもかかわらず、発見されていません。

　このように見てくると、自然環境は単なる資源というよりは、われわれ人間にとっての不可欠な「資産」と考えなければなりません（＊17）。しかも、今や、「環境資産」は再生可能なものを含めて有限であるという認識が必要な段階に達しているのです。前節後半で解説したように、有限な資産も「市場での価格メカニズム」が十全に機能すればその需給を調整可能ですが、「環境資産」はそのような調整が難しい性質を有しています。したがって、次世代のみならず現世代の後発者の経済開発を考慮した上で「環境資産を管理する」という発想が必要になってきます。なぜならば、資産間にある程度の補完性と代替性はあるものの、ある資産の質ないし水準が一定水準を割り込んでしまうと、総生産はもちろん他の資産（注17参照）の生産性を傷つけることなしには代替がほぼ不可能になってしまうからです。「持続可能な開発」を考えた場合、環境資産を不断に、創造、維持、そして回復する、つまり、成長を維持しつつ、環境資産の「過少供給」と「過剰使用」に対処することが絶対条件となるのです。

　では、成長を維持しつつ、環境資産の「過少供給」と「過剰使用」にどのように対処すべきでしょうか。開発過程において、開発に伴う環境負荷を軽減する技術革新（省資源・省エネ・省排出・廃棄物処理等）を推進することはもちろんのこと、前節で解説した、環境資産のもつ「外部性」（波及効果）ゆえに生じる「市場の失敗」を是正する以外にはありません。「市場の失敗」に対処するための通常的手法としては、①、規制または統制管理型の措置と②、経済的誘因（費用・価格転換メカニズム）—課税や補助金助成等の活用、さらに③、①と併用することによる市場の創設（財産権と許可の取引）という手段があります。以下、順番に簡単な説明を加えておきます。

　①は、社会的便益と私的便益を一致させるための伝統的手段で、免許、許可、品質基準、排出基準、製品基準、禁止など、資産の望ましいあるいは許容可能な水準ないしは質について簡単な目標設定がで

（＊16）「源泉機能」、「流し台機能」という用語は『世界開発報告2003』29ページによっている。

（＊17）『世界開発報告2003』の第2章においても、「幅広い資産ポートフォリオを管理する」という考え方が示され、天然資産のほかに、人的資産、人工資産、知識資産、社会を資産として掲げている（同書19-62ページ）。

きることがメリットです。とりわけ、放射性および毒性廃棄物の排出のようなある水準を越えないことが絶対的に重要な場合、適切かつ有効です。また管理と計画という規制方法の一種としてゾーニング（地域設定）や土地利用規制もあります。ただ、一般的に規制は、経済的誘因をベースとした手段とくらべると、効率性と有効性の点で劣りますし、規制・管理者の制度的能力の点でコスト（監視費用を含む）高となりがちです。

②の経済的誘因の活用、すなわち、税金（たとえば炭素税）の賦課や補助金での助成、使用料の徴収や預かり金払い戻し制度（汚染の原因となる投入財も対象）などは、行為者の金銭的利害に訴える合理的・非監視的手段であるので、低コストで実施可能です。また、使用料は環境資産に対する圧力を減らそうとする誘因を生み（使用料のインセンティヴ機能）、それからの使用料収入はグローバルな共有財産の保全や原状回復に充当可能（使用料のファイナンス機能）となります。いずれにせよ、資源の枯渇化ないし劣質化の一部はしばしば市場という場で生じているので、これらに関連した「市場の失敗」に対しては経済的手段による是正が適していると言えます。

③の①と併用した財産権の設定による権利の取引を可能とする「市場の創造」は、たとえば、汚染の総量水準を規制するための統制管理と取引可能な「排出権」を組み合わせることで、それまで存在しなかった汚染抑制のための市場が形成されるというもので、「市場の失敗」に対する有効かつある意味では究極的な政策的対応と言えます。排出権取引（＊18）が可能になったことによって、関連企業は低コストで効果的な汚染削減によって余剰排出権枠を他社へ売却可能となるので、汚染防止のための最もコスト節約的な対策を追及する誘因が生じ、環境防御技術が進歩するという効果も期待できます。

以上のような、規制であれ、経済的誘因の活用であれ、市場の創設であれ、最終的には人びとの行動そのものに働きかけることにかわりありません。したがって、その行動を促している社会の制度（誘因体系—人間の行動を調整するルールや組織）そのものを問題としなければならず、その際、人びとに対する適切な情報の提供と人びとの広範な参加を担保する制度構築（環境保全の世論圧力と監視をもたらす）が不可欠となります。環境資産の管理における制度の重要性については、『世界開発報告2003—ダイナミックな世界における持続的開発』にも詳しく論じられていますし（＊19）、本書の他のいくつかの章で具体的に記述されていますので、ここでは上記の言及にとどめておきます。

4．環境制約のもとでの途上国における今後の経済開発のあり方
—環境資産保全と経済開発とのディレンマのなかで—

すでに第2節で明らかにしたように、経済開発に伴う環境への負荷は不可避なものであり、経済開発と環境保全とのあいだには、現代の技術をもってしても両立しえない要素が厳然として存在しています。両者の関係については、「短期的な成長は、のちに環境問題に取り組むための財源を生み出すという論拠のもとに、短・中期的に可能である」という主張がある一方、「短期的にも成長の方が環境問題への関心よりも優先度が高いとは限らない」とか、「環境の代替性には限度があるので、将来世代の福利が脅かされないようにするためには、環境問題に焦点を当てた関心を払う必要がある」とか、「長期的には、環

（＊18）「排出権取引」に関する具体的解説は、小川辰男・青木慎一
『環境問題入門』60-66ページがわかりやすい。
（＊19）同書、第3章「持続的開発のための制度」（63-104ページ）。

境資産に十分な関心を払わないかぎり、経済開発は持続不可能となる公算が大である」などと、さまざまな意見が表明されています(＊20)。

　ただ、貧困ゆえに劣悪な環境下にある発展途上国の多くの貧しい人びとの存在を考えるとき、環境を保全するために、ただちに開発は抑制すべきであるとの結論はとうてい公正とも現実的とも言えません。とすれば、開発と環境の両者の強調度合と優先順位をどのように考えるかが課題となります。ここでは、現実に実施されている3つの選択肢(＊21)を紹介して、若干の解説をおこないたいと思います。強調度合と優先順位の相違にもとづく3つのケースとは以下のとおりです。すなわち、①両立：環境（天然資産）を保全しながら開発を続ける。②トレードオフ：経済開発により大きなウェイトをおき、低コストの環境問題に取り組む。③トレードオフ：環境により大きなウェイトをおき、環境保全を優先させる。

　第1のケースは、成長目標と環境資産の保全ないし回復の両方に取り組むことが、短中期的にさえ、生産や所得の増大に決定的に重要となる場合です。たとえば、マダガスカルは人口のほぼ3分の2が農村地帯に居住し、そのほとんどが貧困者である途上国ですが、この国の農業生産の増大にとって根本的な強い制約となっているのは、資源破壊と土壌の肥沃度の低下です。同国の東部では原生林または2次林を伐採して燃やした急斜面でコメを栽培していますが、人口増の圧力で谷間に押し出された人びとは丘陵の斜面で農業を営んでおり、降雨時の浸食によりやせ細った土地からは滋養物が洗い流され、沈泥が谷間の灌漑施設を塞いでいます。このような環境破壊（土壌の浸食、沈泥による閉塞、土地肥沃度の低下および森林伐採）の年間コストは、推定でGDPの約5％超であり、農業資源の基盤は人口の増加ペースに追いつけないでいます。

　したがって、再生可能な天然資源に大きく依存し、短中期的に代替物がほとんどないようなこれらの国にとっては、環境面での枯渇化ないし劣質化を阻止し、環境を保全することが、経済成長にとって極めて重要なこととなるのです。

　第2のケースは、環境破壊がまだ可逆的で、短中期的に経済成長への影響が限定的なら、経済成長により大きなウェイトをおくことは成長の機会費用を低下させるので、許されるという場合です。しかしながら、だからと言って、環境問題を無視していいことにはなりません。なぜならば、経済成長に伴って環境の質が必ずしも改善するとは限らないからです。改善する関係が見られるのは、一部の環境要素についてだけで、その関係も構造的・自動的なものではなく、1人あたり所得の上昇に伴う環境の質に対する選好の強まりプラスそれを反映した世論の行動や圧力に呼応して導入された規則やその他の政策的措置の影響を反映したものなのです。一方、「資源の劣質化あるいは枯渇化は元に戻すことが可能であっても、その人間の福利に対するインパクトは復旧できない」という認識は重要で、とりわけ、貧困者は、汚染された飲料水や大気汚染に晒される居住環境に代わる選択肢がほとんどなく、これらの被害を蒙りやすいことに留意する必要があります。

　したがって、経済成長だけで、環境問題にはまったく顧慮しないという姿勢には正当化の余地はありません。しかも、いくつかの費用便益分析によれば、「汚染の相当部分については、その解消コストは比較的低くてすみ、そしてそうすることによる便益はだいたいにおいて非常に大きいというのです。だとすれば、

(＊20)『世界開発報告 2003』40ページ参照。
(＊21) 3つの選択肢の内容については、『前掲書』41～46ページに拠っている。

所得が非常に低い国が高成長戦略を追求するときでさえ、汚染規制を強化する論拠となります。この時、「汚染規制は企業の競争力をそぐのではないか」という主張がなされますが、この懸念には根拠がありません。たとえば、年平均3～5％の成長率を達成している諸国のなかでも、環境面での実績にはかなりの大きな差があるからです（図1：42頁参照）。

最後の第3のケースは、現在の枯渇化または劣質化が不可逆的になってしまうおそれがあるならば、環境問題には今すぐ取り組む必要がある場合です。生物多様性に富んだ森林は貧しい国の人びとにとって今は快適という点でほとんど価値がないかもしれませんが、1人あたり所得が上昇するにつれてその価値は上昇することになるのです。たとえば、このような森林資源（食料、燃料、飼料、薬草など）に大きく依存して生活している今の貧困者は多大な利益を享受しているので、森林環境を保全するには、同時に貧困削減に取り組まなければならず、これには国内外のより大きなコミュニティからの融資あるいは負担のスキームが必要となります。この種のスキームは、環境の不可逆的な劣化を回避することによって、環境資源の選択価値を国の将来のために保存しておくことになります。

このようなコスト負担スキームの成功例としては、コスタリカの1996年の新しい森林法のなかで結実した「環境サーヴィス支払いプログラム」（＊22）があげられます。これは、森林の環境サーヴィスの利益（①温暖化効果ガス排出の緩和、②水文学的便益、③生物多様性保存、④余暇活動やエコ観光用の景観美）を享受する人が、森林保護の負担者に補償するという仕組です。このようなサーヴィスの利用者は国家森林基金に拠出し、同基金は民間の土地所有者と契約（既存森林の保全、持続的な森林管理、および植林の3種）を結び、環境サーヴィス（炭素の固定化など）にかかわる権利の譲渡と引き換えに契約に応じた金額を支払います。同基金はこのようなサーヴィスの販売によって得た資金によって、プログラムを一部ファイナンスしています。このスキームの下で各種サーヴィスについて市場が創設され、炭素削減の国際的な販売で200万ドルの収入を上げています。

したがって、現在このまま開発を続行すると、枯渇化または劣質化が不可逆的なレヴェルに達するおそれが大きい国では、環境を第一義的に考え、国内外のより大きなコミュニティ（たとえば世界銀行を通じたGEF—地球環境ファシリティ）からの融資や上記のような負担スキームを利用して、環境問題に今すぐ取り組まなければならないということです。

いずれにせよ、以上見てきたように、われわれは、「資源や環境に制約があり、開発に伴って環境負荷が増大する」からと言って、「これを理由に発展途上国の成長を抑制する」という考え方をとるべきではありませんが、しかし同時に、「環境問題への積極的顧慮なく、開発を続行することはもはや許されない」ということを再確認しなければなりません。したがって、先進国に住むわれわれは、自国において環境負荷を高めない生活様式を志向すると同時に、技術開発・技術移転によって途上国における開発に伴う環境問題の悪化を阻止するように協力することが要請されているのです。

（＊22）同プログラムのさらに詳しい内容については、『世界開発報告2003』中の「ボックス8.5 コスタリカの環境サーヴィス支払いプログラム」（同書327－328ページ）を参照されたい。

(表1) 商業エネルギー利用と二酸化炭素排出量　[世銀『世界開発報告』(各年版)]

	商業エネルギー利用（石油換算）			二酸化炭素排出量		
	世界	中所得国	高所得国	世界	中所得国	高所得国
1980	6,955 (1,622)	2,030 (1,852)	3,771 (4,792)	13,641 (3.4)	2,805 (3.3)	8,710 (12.3)
1990	8,604 (1,705)	3,298 (1,397)	4,188 (4,996)	16,183 (3.3)	5,773 (2.7)	9,034 (11.9)
1997	9,431 (1,692)	3,523 (1,368)	4,713 (5,369)	23,868 (4.0)	10,034 (3.7)	11,337 (12.3)
2000	n.a.	n.a.	n.a.	23,005 (3.8)	8,618 (3.2)	11,197 (12.4)

単位：100万トン　（注）（　）内は1人当たりの数字（単位：エネルギーはkg、二酸化炭素はトン）。

(図1) 諸国における環境指標とGDP成長率との関係　[世銀『世界開発報告2003』45ページの図2.3]

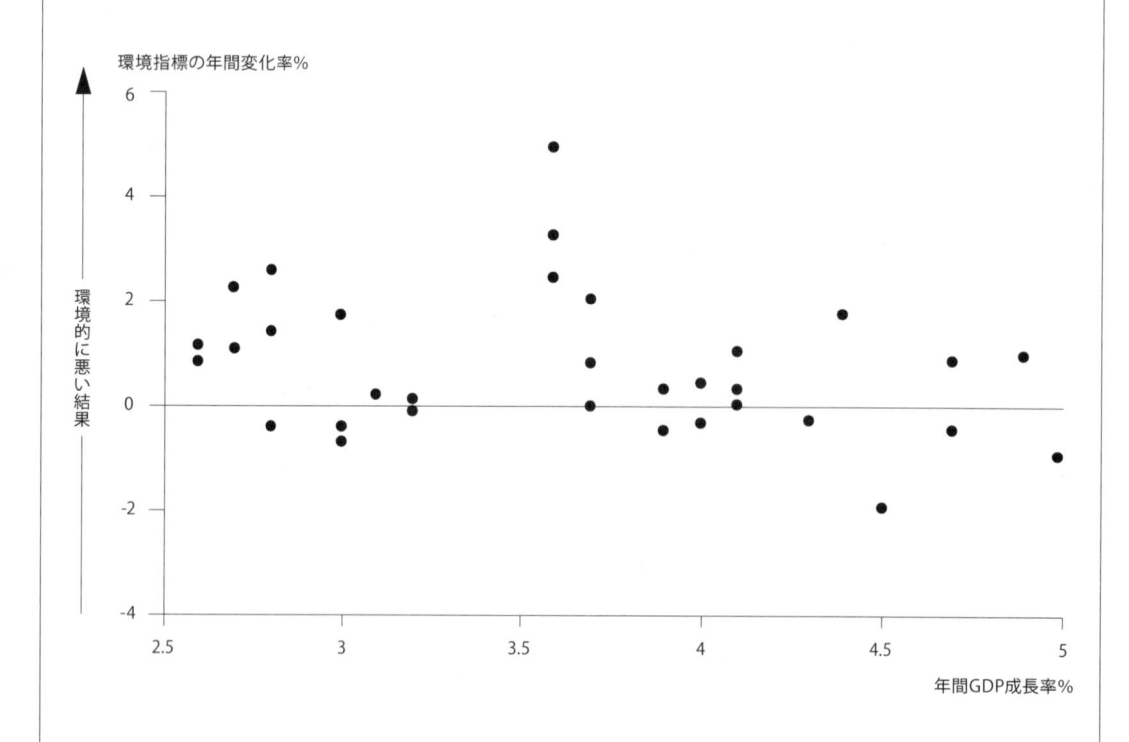

(注) 環境指標は、1987-95年の森林伐採、1人1トンあたりの有機的水質汚染物質排出量を代理変数とした水質汚染、1人1トンあたりの二酸化炭素排出量の増加を同じウェイトで合成したもの。

第4章 | ダイナマイト漁の構図
ダイナマイト漁とわたしたちの関係
赤嶺淳

1. はじめに

　熱帯雨林の伐採とならび、ダイナマイト漁によるサンゴ礁の破壊が、「地球環境問題」として注目をあつめている。

　熱帯雨林と同様にサンゴには地球温暖化の主因とされる二酸化炭素を吸収し、固定化するはたらきがある。そんなサンゴ礁が破壊されると、海水中の二酸化炭素の吸収がおぼつかなくなるだけではなく、さらには水温が上昇をはじめだし、今度は逆にサンゴ内に固定されていた二酸化炭素が放出され、さらに地球温暖化が加速されるから、というのである。

　科学的にもっともな説明ではあるが、この視点には、サンゴ礁に暮らす人びととかれらをとりまく政治経済状況への理解が欠如している。いうまでもなくサンゴ礁の発達する地域は熱帯であり、そのほとんどが、いわゆる発展途上国である。他方、ダイナマイト漁民を批判するのは、先進国に暮らすわたしたちである。

　わたしは環境保全と経済開発に関して、なにも途上国と先進国の対立をあおろうとするものでもないし、途上国で現実におこっている環境破壊の原因を貧困に限定するものでもない。しかし、わたしたちが、いわゆる世界システム——先進国が先進国たりうるのは、発展途上国からあがる利益が途上国ではなく、先進国に還流するしくみ——のなかで生活しているという現実をかえりみるとき、たんなる科学的な見地から環境問題を論じるのは無責任であると考えている。なぜなら、以下に示すように環境問題は、すぐれて政治経済的な問題だからである。

　本稿では、フィリピンにおいて、なぜ、人びとはダイナマイトを投げるようになったのか、を歴史的にふりかえるとともに、ダイナマイト漁による漁獲物が、どのように利用されているのかをあきらかにし、ダイナマイト漁民をフィリピン経済、しいては世界経済の文脈に定位し、環境にまつわる地球規模と地域レベルで生起する問題群の重層性について考えてみたい（*1）。

2. ダイナマイト漁とは

　本稿でいうダイナマイト漁は、爆薬をもちいる漁法の総称である。爆発のショックで肚（うきぶくろ）が破裂し、海底に沈んだ魚や海面に浮いている魚を拾いあつめるだけの漁業である。英語では、爆破や爆風を意味するブラストにちなみ、ブラスト・フィッシング（blast fishing）とよばれている（*2）。とはいえ、実際の爆薬は火薬ではない。廉価で安全性の高い、市販の硝酸アンモニウム（ammonium nitrate）に油剤をまぜた硝安油剤爆薬（ammonium nitrate fuel oil explosive、通称 ANFO 爆薬）が主流である（*3）。

　冒頭に記したようにダイナマイト漁は、環境保護論者からの非難にさらされている。具体的にどのような批判がなされているのか、インターネットでダイナマイト漁を検索してみよう。グーグルでは 6,310 件であるものの、ヤフー・ジャパンでは 23,500 件もがヒットする（いずれも 2006 年 11 月 21 日に検索）（*4）。そのほとんどが、「美しいサンゴ礁が崩壊の危機にあります。それはダイナマイト漁によるものです」というようにダイナマイト漁の脅威をあおるとともに、「現地の漁師には、自然保護という概念が薄いため、ほとんど罪悪感なく」おこなわれている、と漁民の不道徳・無教養を批判している。

（*1）本稿は、すでに公表している 2 つの論文［赤嶺 2006a; 2006b］をもとに、加筆・修正したものである。
（*2）インドネシアのマカッサル近海におけるダイナマイト漁について、門田・宮澤［2004］は優れたドキュメンタリーを制作している。
（*3）Pet-Soede et. al.［1999］や McManus et. al.［1997］によれば、亜硝酸カリウム（potassium nitrate）も使用されているという。火薬類における硝安油剤爆薬の特徴は、取りあつかいの安全性と低価格性にある。硝安油剤爆薬は 1955 年にアメリカで開発され、日本では 1964 年に生産がはじまり、現在では、国内で使用される爆破用爆薬の 70 パーセント以上を占めている。硝安油剤爆薬の詳細については、中原［1988: 83-85］を参照のこと。
（*4）グーグルで英語の blast fishing で検索すると、世界で 134 万件もがヒットする（2006 年 11 月 21 日検索）。

他方、漁民をナイーブに描く視点も存在している。インドネシアのスラウェシ島北端にドロップ・オフで世界的に有名なブナケン島がある。そこで潜ったダイバーのホームページから引用する。

> ブナケンの人たちは、環境保護に基本的には同意してくれるらしいのですが、(中略)一部の島の人は、ある誘惑に負けてしまいます。その誘惑とは、主にシンガポールなどからくる華僑の中国人による、ダイナマイト漁です。ダイナマイト漁は底引き網と一緒で、環境根絶やし型であると同時に、珊瑚などにも傷をつけるので、環境破壊力抜群です。しかし中国人は夜間、ダイナマイトを持って島に現れ、地元の漁師にダイナマイトを渡して、ダイナマイト漁で得た魚(とくにフカヒレなど)を高価で買い上げていくらしいです (http://seitai1.biol.s.u-tokyo.ac.jp/~joe/travel3/travel3-2.html、2006年11月21日取得)。

このダイバーの観察によると、漁民たちは、本意ではないものの、お金の誘惑に負けてダイナマイト漁に手をそめているのだという。現場にいあわせない以上、このこと自体の検証は、わたしには不可能である。しかし、この記述には生態学的に首をかしげたくなる箇所もある。

そもそも複雑な地形を擁したサンゴ礁では、サンゴに網がひっかかるため、漁網が利用できない。したがって、魚をしとめるには釣るか潜って突くかのいずれしかない。あるいは籠をしかけることもある。

そんな条件のなか、サンゴ礁もろとも爆破するダイナマイト漁はサンゴ礁における効率のよい漁法として発達してきた。だから、漁獲対象は基本的にはサンゴ礁にすむ小型の魚でなければならない。もちろんサンゴ礁にもサメはいるものの、フカヒレの採取を目的にサメをダイナマイトで捕獲する話は聞いたことがないし、にわかには信じがたい。第一、サメは、シュモクザメなどの例外はあるものの、一般に群れることが少ないからである。群れずに単一で行動する魚類を目的とするダイナマイト漁は、成立しえたとしても、かなり効率の悪い漁法ということになる(*5)。そのような経済効率の悪い漁法を、わざわざ漁民たちが選択するであろうか(*6)。

もっとも、ダイナマイト漁も、いわゆるラグーンとよばれるサンゴ礁湖の外側でおこなわれる場合もある。実際にわたしは、フィリピンのスル諸島南部のタウィタウィ州で、カツオの群れにダイナマイトを投げこみ、捕獲する場に出くわしたことがある。またインドネシアでも、集魚灯にあつまってきたアジやイワシをバガン(bagang)とよばれる敷網で漁獲する際に爆薬をもちいるとの報告がある[Pet-Soede and Erdmann 1998: 5]。ただし、この場合、礁湖の外域なので、サンゴ礁を傷つけることはない。

おわかりだろうか。環境保護論者が批判するダイナマイト漁のすべてが、サンゴ礁を破壊するわけではないのである。しかも、ダイナマイト漁は、小規模に個人的におこなわれるものから、20数名で組織的におこなわれるもので、さまざまである。当然ながらターゲットとする魚種や操業規模により、その社会経済的背景はもちろん、サンゴ礁へのダメージもことなってくる。

たとえば、インドネシアのスラウェシ島南西端の島じまでおこなわれているダイナマイト漁は、その操業規模から小規模、中規模、大規模と3つに分類することができる[Pet-Soede and Erdmann 1998]。小規模漁

(*5) フィリピンやインドネシアにおいて爆薬をもちいて漁獲される魚は、サンゴ礁内のタカサゴやアイゴ、サンゴ礁域外では後述するようにアジやイワシがほとんどである [Fox and Erdmann 2000: 114; Erdmann and Pet-Soede 1998: 26]。サメにかぎらずサンゴ礁には一般的に群れる魚は少なく、タカサゴやアイゴは例外的に群れる魚種である点に、ダイナマイト漁の経済性の特徴があらわれている。

(*6) 漁民の考える「合理性」について、1992年12月31日にわたしが、タウィタウィ州のヌサ島で観察した小規模なダイナマイト漁の事例を紹介しよう。午前8時半、アリ(仮名)は息子1人を連れて出漁した。アリは漁網を所有しておらず、ダイナマイト漁のほか手釣り漁や突き漁をおこなって生活していた。観察当日は、当初からダイナマイト漁をおこなうつもりで、爆薬を詰めた小ビン(350ミリリットル)を10本持参し、船にのりこんだ。ヌサ島東側の礁縁の漁場についた時点で、アリは信管をビンに埋めこみ、ビンとゴム栓の接合部にビニール袋をかぶせ、その上をゴムひもで縛りあげた。アリが海中をのぞき魚群をさがすあいだ、息子は船の位置が移動しないように櫓を調整していた。アリは1時間かけて魚群をさがしたが、見つからなかったため、ダイナマイト漁をあきらめて水中銃による突き漁に予定を変更した。日本円にして1本75円程度(当時)の投資に対して、割にあわないと判断したためである。

業は、集落の前浜のサンゴ礁で、ひとりでおこなうものだ。

　魚は、素潜りで漁獲されることがおおいため、せいぜい10メートル未満の水深でしかおこなうことができない。小規模漁業は漁場にかぎりがあるため、同一海域で連続してダイナマイト漁がおこなわれることとなる。このように使用されつづけてきた漁場は、その漁獲効率の悪さから、中規模漁業や大規模漁業のターゲットとなることはない（注6の事例を参照のこと）。

　2万3千件におよぶダイナマイト漁に関するサイトのすべてを閲覧したわけではないが、インターネットで報告されている事例は、ほとんどが小規模漁業のもののようである。しかも、ほとんどの報告で漁獲対象はあきらかにされていないし、操業規模の分類にもとづく社会経済的な差異もあきらかではないうえ、さきに引用したように真偽の疑わしい報告もあるから、読者はダイナマイト漁について「無計画で杜撰な漁法」との印象をいだくのではないだろうか。

　中規模漁業はサンゴ礁からはなれた沖合いでイワシやアジといった表層魚をターゲットにおこなわれるダイナマイト漁をさす。漁は5人程度でおこない、日帰りを基本とする。先述したようにイワシ類やアジ類をねらう場合には、水深は深いうえ、海底は砂地であることがおおいため、サンゴへのダメージは皆無にちかい。

　大規模操業ともなると、15人から20人が乗船し、1週間ほど航海をつづけるという。数百キロメートルも離れた漁場で操業するのがほとんどである。潜水器をもちいて、水深40メートルまで潜ることもめずらしくない。漁獲は氷で冷蔵され、マカッサル市場で消費される[Pet-Soede et. al. 1999: 84-85]。

　大規模なダイナマイト漁では、市場価格の高い魚種だけが対象となる。というのも、20名の漁民たちが1週間以上も操業するとすれば、それなりに資本が必要となるからだ。だから、操業も計画的なものとならざるをえないし、そもそも漁獲を売却しうる市場の存在が前提条件となる。

　たとえば、南沙諸島でフィリピン漁民が狙うのは、タカサゴである。タカサゴはサンゴ礁の縁に群れをなして棲息しているので、一網打尽も容易である。市場での人気も高い。先述したマカッサルの事例とことなり、フィリピン南部マンシ島の場合は、すべてを干魚として流通させている。

3．マンシ島漁民によるダイナマイト漁

　マンシ島（写真1：53頁）は、パラワン島南西端の港町リオトゥバの南方およそ120キロメートルに位置し、マレーシアとの国境まで2キロメートルも離れていない（地図1参照）。1995年の国勢調査におけるマンシ島の人口は、およそ6000人である。その95パーセントはイスラーム教徒のサマ人である。他方、マンシ島における非サマ系住民のほとんどは、フィリピン中部ビサヤ諸島出身のキリスト教徒である。島の臨海部全域に杭上家屋が散在し、島の中央部には公立の初等学校と中等学校が1校づつ存在している。島に上水道はないが、島のどこでも湧水が利用できる。自家発電機による電気で、マレーシアのテレビ番組、フィリピン映画、香港映画などのビデオをみることもできる。近年では、VCDやDVDも普及している（写真2：53頁）。

　マンシ島は、その小ささとアプローチの困難さに不釣合いなほどに物質的に豊かである。このちぐはぐ

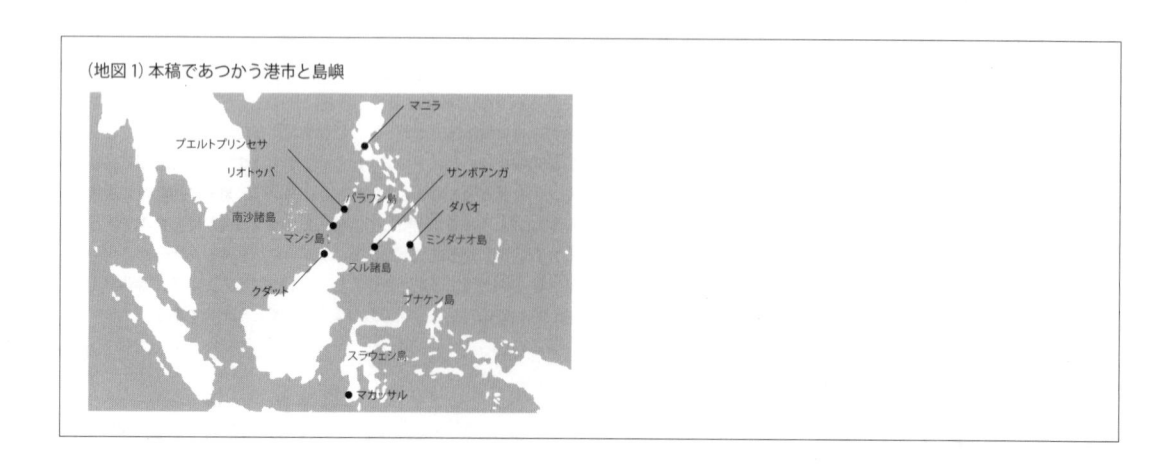

（地図1）本稿であつかう港市と島嶼

さは、いったい何に起因しているのか。この繁栄のおおくは、南シナ海におけるダイナマイト漁とナマコ潜水漁、マレーシアとの国境を跨いでおこなわれる「跨境貿易」におっている(＊7)。

マンシ島民の漁業活動は、漁獲物、漁法、漁場の視点から、次の3点に特徴づけられる。

まず、漁獲物は自家消費用ではなく、商業目的で捕獲されることである。ダイナマイト漁はタカサゴを漁獲対象とし、漁獲物のほとんどすべては塩干魚に加工され、ミンダナオ島で消費される。他方、ナマコは乾燥させたのち、プエルトプリンセサやマニラといった集散地を経て海外へ輸出される。

第2の特徴は、資源利用の収奪性である。タカサゴは爆薬をもちいて漁獲するため、サンゴ礁の破壊を前提としている。当然ながらダイナマイト漁は、タカサゴのみならずそのほかの魚類の生態基盤をも破壊する。他方、遊泳能力をもたないナマコは、素手で拾いあげるだけでよい。したがって人びとが潜水器をもちいるようになると、それだけ乱獲がすすむ危険性がある。マンシ島では1990年代初頭より潜水器が普及した結果、すでに浅い海底のナマコ資源は、ほぼ獲り尽くされており、1998年の潜水深度は50メートルに達した。そのため減圧症にかかるものも少なくなく、死亡例もみうけられるほどに、資源の減少は深刻であった［赤嶺 2000a、2000b］。

3点目は、だれもが自由に資源を利用できるオープン・アクセスである。ダイナマイト漁とナマコ潜水漁がおこなわれる南沙諸島海域は、総面積18万平方キロメートルにおよび、豊富な漁業資源にめぐまれている。しかも、領有権がいまだ確定していないため、フィリピン人のみならず中国やベトナム、マレーシアなど近隣諸国の漁民たちも操業している(＊8)。

ここでマンシ島におけるダイナマイト漁の事例をみてみよう。通常、13～15人の乗組員が乗船し、南沙諸島での操業は2ヶ月間におよぶように、インドネシアの事例よりも規模がおおきいのが特徴的である。

マンシ島でも、硝安油剤爆薬がもちいられている。現在、硝酸アンモニウムは、マレーシアのクダットから入荷しており、25キログラムが500ペソで売買されている(＊9)(写真3：53頁)。

硝酸アンモニウムはビールの空ビン(620ミリリットル)に詰めて利用される(＊10)(写真4：53頁)。25キログラムの硝酸アンモニウムはビンに換算して50本分の爆薬に相当する。2ヶ月間の航海中に、平均して875キログラムの硝酸アンモニウムを使用する。

マンシ島漁民に硝安油剤爆薬が普及したのは1980年代に入ってからのことである。製法は未詳であるが、それ以前は米軍基地周辺の海底で拾った不発弾から火薬をとりだして使ったり、硝酸塩に金属粉などを混合した爆薬を自家製造して使用したりしており、爆薬を加工する過程で発生する事故も少なくなかったという。しかし、硝安油剤爆薬をもちいるようになってからは、事故はほとんどおこっていない。

漁民の説明によれば、爆発の振動で肚が完全に破裂すると魚は海底に沈む。ところが、不完全に破裂したままだと、魚は海面に浮かんだままとなる。それらの魚を拾いあつめるのが乗組員の仕事である。仮死状態の魚は死んだように横たわっていても、つかもうとすると逃げだすことがおおい。その際に背ビレなどで手のひらを切ることもあるので注意が必要である。以前は素潜りであったが、1990年代なかば頃から潜水器をもちいるようになり、回収率も向上した。

マンシ島民は、爆薬漁の対象魚種としてタカサゴがもっとも望ましい魚だと考えている(写真5：53頁)。タ

(＊7) 跨境貿易は、つまるところ密輸である。マンシ島における跨境貿易の実態については、赤嶺［2001、2002］を参照のこと。

(＊8) 南沙諸島は、現在、フィリピン、ベトナム、中国、台湾、マレーシア、ブルネイの6ヶ国によって、全域もしくは一部の領有権が主張されており、ブルネイをのぞく各国の軍隊が、個別の島嶼を実効支配している。フィリピン政府は、1978年に南沙諸島の一部をカラヤアン(Kalayaan)諸島と命名し、パラワン州へ編入し、岩礁を含めた7島を占領している。現在、フィリピン国軍が実効支配する島嶼は、Pag-asa(英名 Thitu Is.)、Parola(同 North East Cay)、Kota(同 Loaita Bk.)、Lawak(同 Nanshan Is.)、Patag(同 Flat Is.)、Likas(同 Commodore Rf.)、Panata(Lankiam Cay)である。なお、南沙諸島を英語でSpratly Islandsとよぶが、スプラトリー島については、フィリピンは領有権を主張していない。

(＊9) 1998年の調査当時の1ペソは、およそ3.5円であった。

(＊10) マンシ島漁民によると、日本で一般的な細長い形態のビールビンよりも、胴体がずんぐりしたものの方が爆発に適しているという。マンシ島では、ギネスビールの空ビンが一般的であり、そのほとんどすべてがマレーシアのサバ州から輸入されている。洗浄して乾燥させたものは、1本につき1ペソで売買されている。

カサゴは水中で群れをなして泳いでいるため、群れを発見した後に、そこに爆薬を投げ込みさえすれば、一網打尽に捕獲することが期待できる。また、タカサゴはタガログ語ではダラガン・ブキッド（dalagang bukid、「田舎娘」の意）とよばれ、大衆魚の代表格である(*11)。タカサゴが大衆に人気の魚であることも、ダイナマイト漁においてタカサゴがもとめられる理由のひとつである。

　タカサゴは背開きにし、内臓を捨て、塩をまぶして船底に保存しておく。魚を塩蔵するための塩は、12.5トン（50キログラムの袋を250個）持参するのが平均で、塩を使いはたすまで操業がつづく。漁獲は帰島したのちに干魚に加工される(写真6：53頁)。

　マンシ島で加工される干魚は、そのほとんど全部がミンダナオ島西端の港町サンボアンガに集荷される。一部はサンボアンガで消費されるものの、大半はダバオに輸送され、同島内陸部に展開するプランテーションを中心に消費される(写真7：53頁)。

　ミンダナオ島では、1960年代後半から国内・国外の大資本によって森林伐採や鉱山開発、バナナやパイナップル、ココヤシなど輸出作物を栽培する外資系プランテーションの開発が大規模にはじまった。それにともなってビサヤ諸島やルソン島から大量の人口が流入した。ミンダナオ島に突如として生じたタンパク需要に応じたのが、マンシ島産の干魚であったのである。

4．フィリピン史のなかのダイナマイト漁

　ダイナマイトの使用は、フィリピンでもマルコス期の1975年に禁止されている(*12)。しかし、ダイナマイト漁が、現在も後を絶たないのは、いったいなぜだろう。

　網漁とくらべてダイナマイト漁は、初期投資も少なく、維持費もかからない。しかも複雑な地形のサンゴ礁においては効率的・合理的な漁法である。魚を瞬時に大量捕獲できるのも魅力だ。爆発後に海面から踊り立つ水柱に恍惚とする漁民も少なくない。

　そもそも、マンシ島民は、反政府独立をめざすイスラーム勢力と政府軍との内戦を避け、避難した人びとであった。実はマンシ島は、1970年代初頭に開拓された島であり、開拓後わずか30数年しかたっていない。マンシ島のサマ人のほとんどは、1972年9月の戒厳令発動を契機としてスル諸島のタンドゥバス（Tandubas）島から避難してきた人びとなのである(写真8：53頁)。そして1974年6月に同島で繰り広げられたモロ民族解放戦線（MNLF: Moro National Liberation Front）とフィリピン国軍（Armed Forces of the Philippines）との銃撃戦を契機としてマンシ島に避難する住民は急増した。国勢調査によると、マンシ島人口は1970年の225人から1975年には2429人と10倍以上に増大している。

　ここでフィリピンにおけるマンシ島漁民の社会経済的位置づけを考えるためにフィリピン史を略述しておきたい。フィリピンは、アジアで唯一のキリスト教国と形容されることがある。人口7500万の8割がカトリック、1割がプロテスタントである以上、これ自体にうそはない。しかし、だからといって人口の4パーセント強をイスラーム教徒が占めていること、それらの人びとがミンダナオ島を中心としたフィリピン諸島南部に集住していることを無視してはならない。

　フィリピンの人口の8割をカトリックが占めるのは、もちろん、16世紀後半から300年間にわたってス

(*11) タカサゴは、マニラではバグース（bangus、学名 *Chanos chanos*、和名サバヒー）とともに物価指標として機能しているほどの大衆魚である。また、沖縄県では県魚に指定されており、タカサゴの唐揚げや刺身は観光客にも人気である。

(*12) マルコス期の大統領令704号とラモス期の Republic Act 8550 of 1998 による。

ペインの植民地であったからである。ここで注意しなくてはならないのは、もともと「フィリピン」という国家があって、それがスペインの植民地にされ、その後のアメリカによる被植民と日本による被占領をへて、戦後にふたたび「フィリピン民族」が独立を獲得したのではないということである。スペインがやってきた時、フィリピン諸島の大部分は村落連合を形成する程度にすぎず、より大きな社会組織を育ててはいなかった。100とも120とも数えられる民族集団を内包する現在のフィリピン共和国の版図は、スペインやアメリカはもとよりイギリスやオランダなどが、近隣の島じまを囲いこむ過程で形成されたのである。したがって、マンシ島民のみならず、現在のフィリピン共和国がかかえている、キリスト教徒とイスラーム教徒の対立も、また歴史的に派生したものなのである。

　中国貿易をもくろんだスペインはマニラを拠点とさだめ、1571年以降にフィリピン諸島の植民地化を加速させていった。その方策のひとつが、住民のカトリック化にあった。しかし、フィリピン諸島南部には、すでにイスラームが浸透しており、小規模ながらも王国を築きつつあった。当然、かれらは被キリスト教化に抵抗した。結果として、300年におよんだスペインによる植民地化の圧力にたいしてフィリピン南部のイスラーム勢力は、最後まで抵抗しつづけた。

　フィリピンが現在の版図を完成するのは、アメリカ期となった1910年代のことである。米西戦争の戦後処理の一環としてアメリカはスペインからフィリピン諸島をゆずりうけたが、当然、この版図に南部のイスラーム地域はふくまれていなかった。その後、米軍は圧倒的な武力によって、南部イスラーム地域の「フィリピン化」をはたしていった。

　第2次大戦後に独立したフィリピン共和国において、スペインに最後まで抵抗したイスラーム教徒たちは、本来ならば「反植民地主義運動の英雄」と讃えられてしかるべきであった。しかし、かれらは、キリスト教徒が権力をにぎる独立後の中央政府にまで叛旗をひるがえし、分離独立を要求したため、スペイン人でもアメリカ人でもない「フィリピン」人に抑圧されることとなってしまった。それには以下のような政治経済的背景がひそんでいる。

　たしかにフィリピンは、日本の占領期をへて政治的には1946年に米国から独立をはたしたが、経済的には米国の多国籍企業による支配がつづいた。台風銀座といわれるフィリピン諸島において、米国の資本家には低緯度のミンダナオ島は魅力的であった。ほとんど台風の影響をうけないばかりか、アルカリ性の火山灰が堆積した肥沃な土壌のため、前節で述べたように、バナナやパイナップル、ココヤシといったプランテーションに最適であったからである。しかも、広大なミンダナオ島には山間部に焼畑を生業とする少数民族がわずかに点在するほかは、沿岸部にイスラーム教徒が生活するだけであり、多国籍企業にすれば土地の徴用も簡単にみえたであろう。実際に、ある種の国家プロジェクトとして戦前・戦後期を通じてイスラーム教徒の土地に入植したキリスト教徒たちは、自分らに都合のよい土地を占拠し、開発をおこなった。当然、入植者とイスラーム教徒間で紛争は多発した。

　イスラーム教徒による分離独立要求が武力闘争をおび、内戦化するのは、故マルコス大統領が戒厳令を実施した1972年以降のことである。タウスグ人のミスワリを議長とするモロ民族解放戦線が結成され、リビアなど中東諸国の援助をうけ、イスラーム地域の独立を要求したのである。この運動にたいし、マル

コス大統領は、国軍を投入し、分離独立運動の中心地の空爆さえ辞さなかった。1974年2月のことである。その後も70年代をつうじて、アニミズムを信仰する少数民族もまきこんで、内戦はミンダナオ島の各地でくりひろげられた(*13)。これは、たんに宗教の対立というだけではなく、植民地期に端を発したミンダナオ開発のあり方の是正をもとめた抵抗でもあったのである(*14)。

　マンシ島の人びとがスル諸島のタンドゥバスから離島したことは、こうした歴史的文脈にそった出来事として理解しなければならない。たしかにマンシの人びとは敬虔なイスラーム教徒である。しかし、1970年代当時、フィリピンのイスラーム教徒の全員が武装して反政府運動にたちあがっていたわけではない。タンドゥバス島の人びとは、政府ともモロ民族解放戦線の両者とも距離をおくことを選択した結果、マンシ島に新天地をもとめたのである。ほかの避難民のように隣国のマレーシア政府に保護をもとめ、国連によって難民認定をうければ、かれらは国際社会の支援のもと、いくばくかの手当てをもらいながら生活することもできた。しかし、初期にマンシ島を開拓した人のなかには、「わたしたちは自立した生活を選択した」と誇らしげに語る人もいる。だから、国連の保護下で生活するのではなく国境ギリギリの島にとどまったのだという。

▌5．ダイナマイト漁の政治経済──ミクロな視点とマクロな視点

　マンシ島民のおおくは、ダイナマイト漁の開始を次のように説明する。スル諸島の内戦を避け、かれらが着の身着のままでマンシ島に到達した時、国境地帯であるマンシ島には国境を警備するため、若干のフィリピン国軍兵士が駐屯していた。キリスト教徒である兵士たちは、数でまさるイスラーム教徒の難民たちを怖がった。そして、反政府独立のための武力闘争にかかわらないかぎりにおいて、ダイナマイト漁を黙認することを約束したというのである。

　このことの検証はむずかしい。マンシ島民もダイナマイト漁の違法性を意識しているために、その正当性を担保するために流布しているものとも考えられる。また、あるマンシ島人は、南沙諸島はインターナショナル（無国籍）だから、フィリピンの法律は適応されないと説明する。

　詳細は省くが、南沙諸島の国際法上の領土は未確定である。しかし、実際には関係各国が島じまやサンゴ礁を実効支配しているのが現実である。漁民が実際に操業した漁場を海図で確認したところ、フィリピン漁民は南沙諸島のなかでもフィリピン軍が実効支配する海域でしか操業していないことがわかった［赤嶺2000b］。

　さらには南沙諸島のサンゴ礁群が、それぞれの軍隊の管轄下にあることは、漁民の説明とは裏腹に漁民自身もよく認識していることである。実際、わたしがマンシ島で調査していた1998年8月、人びとはいかにマレーシア軍が管理する海域に侵入しうるのか、その戦略を相談しあっていた。海軍や海上警備隊に拿捕されないかぎり、比較的健康な状態のサンゴが棲息するマレーシア管轄下のサンゴ礁では膨大な漁獲がみこまれるというのである。そのため東風が強く、マレーシアからの追手にとって逆風となる状況に、みずからの危険をかえりみず、あえて出漁するという漁民もいた。

　このエピソードは、漁民の説明とはことなり、漁場が事実として無国籍ではないことを示している。国

(*13) MNLFは、マルコスを追放したアキノ政権を継承したラモス政権下の1996年にOIC（イスラーム諸国会議機構）とインドネシア政府の仲介により、正式にフィリピン政府と和解した。が、MNLFの元兵士らが組織するアブサヤフ、1978年にMNLFとたもとをわかったモロ・イスラーム解放戦線（MILF）は、いまだ政府と和解が成立しておらず、一部の地域では政府軍との紛争がつづいており、真偽のほどは定かではないが、これらの反政府勢力の一部は国際的なテロ組織であるアルカイダとも関係があるとの報道もある。

(*14) ミンダナオ島における開発と紛争については、鶴見［1982］、石井［2002］、早瀬［2003］などにくわしい。

際法上の問題はあるにせよ、少なくとも現状は、それぞれの国家が監督しているからである。だから、フィリピン政府が、本気で取締りをおこなおうとするならば、漁民をおいはらうことなどたやすいはずである。

しかし、実際は漁民と南沙諸島に点在する基地に駐屯する軍人とは、蜜月関係とはいわないまでも、もちつもたれつな関係にある。漁民によると、フィリピン軍の軍人に魚をあげることもあるし、逆に飲料水をもらうこともあるという。軍人にたのまれて南沙諸島に点在する基地までタバコや生活物資を届けたことのある漁民は少なくない。

南沙諸島がいかに豊穣だとはいえ、サンゴは無限ではない。サンゴ礁の劣化をうけ、漁獲量は減ってきている。そのようななか漁民たちは操業規模を拡大することで収量を確保してきた。たとえば1970年代初頭に22馬力だったエンジンの主流は、1990年代初頭には110馬力へと増大した。最近では200馬力のものもみうけられる。大型化にともなって、軽油の消費量も増大したし、操業期間も長期化するようになった（写真9：53頁）。

1998年当時、2ヶ月におよんだ1航海あたりの操業費は、約60万円もした。とても船主が工面できる金額ではない。かれらを経済的にささえていたのが、操業費にくわえ、漁船の修理費なども貸与する仲買人であった。たてまえは「無利子」だが、相場よりも安く魚を買取ることで仲買人は利益をあげていた。

たしかに「借金」という見えない鎖が、漁民たちをダイナマイト漁に駆りたてていることも事実である。しかし、国家や銀行が見向きもしない漁民に融資してくれる仲買人がいるからこそ、ダイナマイト漁民たちの生活が保証されることも事実である。

ダイナマイト漁における仲買人のはたす役割は、融資にとどまらない。爆薬の原料は民間人でも購入できる化学肥料であるが、爆薬を爆発させるには信管や導火線といった民間人では入手しえない物資が不可欠である。これらを融通するのが仲買人なのである。しかし、仲買人とて、自分たちが製造していない以上、どこからか入手せざるをえない。正確な出所は確認できなかったが、軍や警察の関係者だと、マンシの人びとは考えている。

こうしてみると、ダイナマイト漁は環境保全の視点だけから議論されてはならないことがわかる。マンシ島漁民のいとなみは、生産・流通・消費の連鎖のなかで「相対的」に位置づけられねばならないのである。

同時に金銭に困って仕方なく手をそめているというのも、ナイーブにすぎる見方である。裏返せば、そのような意見は、「（都会人ならいざしらず）辺鄙な島じまに住む少数民族は、きっと自然にやさしい人びとにちがいない」という根拠のない思い込みの裏返しにすぎないからである。それは、高度にIT化がすすみ、まったく自然と「切れ」てしまった環境にいるわたしたちの生活を省みることなく、あろうことか、一方的に原生自然とそこに暮らす原生人像を他者におしつけているだけのことである。

たしかに現在、マンシ島を拠点にダイナマイト漁に従事する人びとのなかには、お金に困っているものもいるが、動機そのものは、漁法としての合理性を追求したもの、過酷な操業環境に男らしさを感じているもの、など多様である。第一、かれらは漁師という職業にこだわってはいない。調査を終えて帰国準備をしていたわたしに「淳が連れて行ってくれるのなら、日本に出稼ぎに行きたい」と真顔で相談にきた友人は少なからずいた。もちろん、蓄財も理由のひとつではあろうが、広い世界をみてみたい、という心情

も理解できなくはない。もっと端的にいうと、島民のあこがれである船舶エンジンやテレビ、オーディオ製品を産出する国をみてみたい、ということだ。

　爆破されたサンゴの代償として、漁民の生活がなりたち、廉価な干魚の恩恵にあずかる農民がいる。外貨を稼ぐのは、干魚を常食とする農民たちだ。そして、フィリピンの農園で生産された農産物を消費するのは、日本やアメリカをはじめとした先進国の人びとである。そして、そのわたしは、途上国の人びとの購買力をも刺激する工業製品を開発することで暮らしをたてている。このように世界が分業化された状況を世界システムとよぶが［春日 1995］、この現実を鑑みたとき、先進国にすむわたしたちが、サンゴ礁の破壊という事実だけをとらえて、漁民の無知や道徳観の欠如を批判することの無責任さが理解できるはずだ。ダイナマイト漁は、かれらだけの問題なのではなく、まさにわたしたちの問題でもあるのである。

写真

(写真1) マンシ島。島の周囲には広大なサンゴ礁がひろがっている。ラグーンは子どもの遊び場でもある。2000年8月撮影。

(写真2) VCD上映の宣伝。島内には自家発電でビデオやVCDを上映する店が複数ある。2000年8月撮影。

(写真3) マンシ島で使用される硝酸アンモニウム。マレーシアのクダットで購入する。1998年8月撮影。

(写真4) マンシ島で使用されるANFO爆薬。ギネスビールの大瓶がこのまれる。1998年8月撮影。

(写真5) タカサゴ。沖縄ではグルクンとよばれるタカサゴは県魚でもある。那覇市の公設市場で2005年11月撮影。

(写真6) 天日干しされるタカサゴ。1998年8月撮影。

(写真7) サンボアンガの干魚市場。1998年8月撮影。

(写真8) タンドゥバス島における戦闘で焼け落ちた学校。校舎の壁にはライフルの弾痕がのこっている。2000年3月撮影。

(写真9) マンシ島の浜造船。マンシ島民が出漁する船は、島内で調達される。マンシ島は造船でも有名である。1997年7月撮影。

参考文献

赤嶺淳
2000a「熱帯産ナマコ資源利用の多様化―フロンティア空間における特殊海産利用の一事例」,『国立民族学博物館研究報告』25(1): 59-112.
2000b「ダイナマイト漁に関する一視点―タカサゴ塩干魚の生産と流通をめぐって」,『地域漁業研究』40(2): 81-100.
2001「東南アジア海域世界の資源利用」,『社会学雑誌』18: 42-56.
2002「ダイナマイト漁民社会の行方―南シナ海サンゴ礁からの報告」,秋道智彌・岸上伸啓編,『紛争の海―水産資源管理の人類学』,人文書院,84-106 頁.
2006a「見えないアジアを歩く 9―ダイナマイトに湧く海」,『あとん』5 月号:50-53.
2006b「「テロとの戦い」のかげで―フィリピンのムスリム問題のいま」,『人間文化研究所年報』創刊号:36-39.

Erdmann, M.V. and L. Pet-Soede.
1998 B6+M3=DFP; An overview of destructive fishing practices in Indonesia. In Proceedings of the APEC workshop on the impacts of destructive fishing practices on the marine environment 16-18 December 1997, Hong Kong: Agriculture and Fisheries Department, Hong Kong, pp. 25-34.

Fox, H.E. and M.V. Erdmann.
2000 Fish yields from blast fishing in Indonesia. Coral reefs 19: 114.

早瀬信三
2003『海域イスラーム社会の歴史―ミンダナオ・エスノヒストリー』,岩波書店.

石井正子
2002『女性が語るフィリピンのムスリム社会―紛争・開発・社会的変容』,明石書店.

春日直樹
1995「世界システムのなかの文化」,米山俊直編,『現代人類学を学ぶ人のために』,世界思想社,100-118 頁.

McManus, J.W.
1997 Tropical marine fisheries and the future of coral reefs: A brief review with emphasis on Southeast Asia. Coral reefs 16, Suppl.: S121-127.

McManus, J.W., R.B. Reyes, Jr., and C.L. Nanola, Jr.
1997 Effects of some destructive fishing methods on coral cover and potential rates of recovery. Environmental management 21(1): 69-78.

門田修・宮澤京子
2004『アジアの海から①―毒とバクダン』,Bahari―海と森と人の映像シリーズ 2,海工房.(DVD)

中原正二
1988『火薬学概論』,産業図書.

Pet-Soede, C., H.S.J. Cesar, and J.S. Pet.
1999 An economic analysis of blast fishing on Indonesian reefs. Environmental conservation 26(2): 83-93.

Pet-Soede, L. and M.V. Erdmann.
1998 Blast fishing in Southwest Sulawesi, Indonesia. Naga, The ICLARM quarterly April-June 1998: 4-9.

鶴見良行
1982『バナナと日本人―フィリピン農園と食卓のあいだ』,岩波新書(黄版)199,岩波書店.

第 5 章 | 環境政策と規制的手法
「環境と法」に関する覚書
井上禎男

1. はじめに

「環境政策と規制的手法」というタイトルのもとで「環境」をめぐる問題を考える場合、わたしたちは何を想起するだろうか。「政策」の実現には不可分に「法」がかかわり、「規制」は「法」によって実施される、というイメージだろうか。

しかし、「法」を手法としない「政策」の形成や実現もあるだろう。また、ここで「政策」の実現にとって「法」が果たす役割を認めたとしても、そこで「政策」に「法」が関与する"密度"はさまざまだろう。さらには、「法」を手だてとする「政策」の実現が、ただちに「規制的」な性格を帯びるともかぎらない。

本書はさまざまな専門を有する者によって執筆されているが、ここで法律学者であるわたしに与えられた課題ないしは役割は、「環境政策と規制的手法」というタイトルのもと、「環境」をめぐる諸問題を考えろ（講じろ）というものであった。

そうすると、まずは法律学における「環境」とは何なのか、そして法律学である以上は、「環境」をめぐる「義務」や「責務」について、また反面で「環境」をめぐる「権利」や「人権」について確認しなければならない（以下第2節および第4節）。そして、わが国における「環境」領域での諸立法が、さまざまな「公害」を契機に制定されたこと（「公害」をめぐる立法が、現行法体系のひとつの「源流」であること）、しかしながら、「公害」は決して過去のものではないことにもふれておきたい（第3節）。そのうえで、「環境」問題を扱う独自の法領域としての「環境法学」の射程についてのみ、簡単に紹介しておく（第5節）。ここまでが、やや長めのイントロダクションであり、「環境と法」をめぐる議論の"入口"ということになる。

そのうえで、わが国における「環境政策」の実現と「法」とのかかわりに目を向ける。ここでは、さまざまな「政策」実現手法の存在、そして「政策」形成主体の問題を確認する（第6節）。つづけて、本稿の主たる検討課題である「規制的手法」の意義と課題に言及し（第7節）、最後に、われわれがひとりの個人として、ひいては「法と環境」とのかかわりのなかで"市民"としてなし得ることを確認する（第8節）。

以上の構成から、本章では「環境」を法的に考えるひとつの契機を示してみたい。

2. 法律学と「環境」

わが国で「環境」を明確に定義する立法は存在しない。

しかし1993年に制定・施行された「環境基本法」を手がかりにすると、「法」ないしは法律学が想定する「環境」像がみえてくる。

ここで「環境」とは、空気や水や土などを構成物とする自然を前提に、そこでの生物の営為やさまざまな生態系の維持によってつくられた状態ないしは空間、さらには、人が快適に生活できる空間・場として観念できる。つまり、「法」が想定する「環境」は（も）包括的な観念であり、ここではひろく「地球環境」、そしてその域内にある「自然環境」および「都市環境」、さらには前二者に跨るものである「生活環境」を、「環境」のカテゴリーとして設定することができる(*1)。そのため、こうした「法」と「環境」とのかかわりをふまえると、こうした4つのカテゴリー各々について、あるいは各カテゴリー横断的に、さまざまな「法」が存在し機能することになる。

こうした多様な「法」の存在を区分するひとつのメルクマールに、国際法か国内法かという視点がある（＊2）。つまり、「国際環境法」（法形式としては「条約」やEUにおける「指令」等）で規律される内容を受けて「国内環境法」（法形式としては法令や規則、条例等）で措置される場合や、さらには、国内に固有の問題に対処するための「国内環境法」が存在することになる。

「国内環境法」にあっては「法律」と「条例」との関係も重要であるが（「条例」や「規則」を根拠とした名古屋市における具体的な取組みについては、本書第11章を参照されたい）、ここではとくに「環境基本法」（＊3）の理念に注目しておきたい。

環境基本法の「究極目的」は、「現在及び将来の国民の健康で文化的な生活の確保に寄与」し、かつ「人類の福祉に貢献すること」にある（＊4）。そして、環境基本法は「人の活動により環境に加えられる影響であって、環境の保全上の支障の原因になるおそれのあるもの」を「環境への負荷」と定義づけている（第2条1項）。さらに環境基本法は「人間の活動」が「環境への負荷」を惹起している現状を認めつつ（第3条）、「環境への負荷」の少ない持続的発展が可能な社会を構築すべく環境保全を図ること、あるいは「科学的知見」による環境保全上の支障の未然防止を図ることを明記している（第4条）。地球環境の保全の積極的な推進にあたっては、当然のことながら「国際的協調」が要請される（第5条）。

ここでは「持続可能な発展 sustainable development」（以下「SD」）とは何かが問われることになるだろう。

本書のあらゆる箇所でこの概念にふれられているはずである。しかし、現実にはこの概念をめぐる議論は多様であり、さまざまな議論の立てかたを可能にするだろう（＊5）。本稿ではとくに、「環境」と「発展」とが"対抗""緊張"関係に立つのか、それとも"両立""親和"するものなのか、という論点のみに注目しておきたい。

われわれ「人類」は、これまでに"ヒト"にとって最適な「環境」を模索ないしは享受すべく、無尽蔵たり得ないさまざまな資源を利用・開発（development）しつづけてきた。ここでは人間の価値や経済観が至上のものであった。現状にいたるまでのこうした「発展」（development）は、かかる人類の営為の所産といえる。もっとも、「環境」にかかわらずして、また、そこでの資源を用いずして"ヒト"が生きてゆくことはできないから、このような歩み自体を完全に止めることはできない。そうすると、たしかにここでの「人間中心主義」を払拭することはできないだろう（＊6）。「環境」と「発展」とが"両立"し"親和"するとしても、結局は、そのかぎりにおいてであると考えざるを得ない。しかしながら、これまでのわれわれの営為を省みるのならば、あるいはわたしたちや次世代の"これから"に目を向けるのならば、ここでのdevelopmentは、これまでの経済観や価値の見直しのもとで観念されなければならないはずである。つまり、必然的に「環境」の悪化ないしは資源の枯渇を最小限度にとどめる努力や、それにとどまらず積極的な改善措置をも講じること、さらにはでき得るかぎりでの再生や回復を図る途を探ることも不可欠である。この点にこそ、まさにわれわれの「科学的知見」が求められることになる。

SDは法的にもまた事実上も要請されるものである。しかし法的に考えてみた場合には（にも）、ここで環境基本法が、あえて"ヒト"という種全体の集団である「人類」ではなく、個体としての"ヒト"である「人

間」を主体として「環境」の恵沢を享受することができることを環境保全の根本原理としたこと(第3条)(*7)が注目される。

つまり、「環境への負荷」の自覚は、ほかならぬ個人の次元での問題であるから、「国」(第6条)や「地方公共団体」(第7条)や「事業者」(第8条)だけにまかせておけばよいのではない。法的にも、われわれ自身が、ひとりの「国民」として、「日常生活に伴う環境への負荷の低減に努め」る「責務」を負うことになる(第9条)。

3. 終わることのない「公害」

環境基本法は「環境」を定義していない。しかし「公害」を定義する。

ここで公害とは、「環境の保全上の支障のうち、事業活動その他の人の活動に伴って生ずる相当範囲にわたる大気の汚染、水質の汚濁([略])、土壌の汚染、騒音、振動、地盤の沈下([略])及び悪臭によって、人の健康又は生活環境(人の生活に密接な関係のある財産並びに人の生活に密接な関係のある動植物及びその生育環境を含む。以下同じ。)に係る被害が生ずること」をいう(第2条3項)。

環境基本法が制定される以前のわが国においては、「環境」をめぐる立法および行政には、公害と自然環境保全という2つの「源流」があった。「地球環境問題の顕在化」にともなって1993年に環境基本法が制定されたが、それ以前には、前者の源流として、「公害対策基本法」があった(1967年制定・93年廃止。環境基本法第2条3項に列記されている前述7つに対応するいわゆる"典型7公害"を規定した。なお、1970年のいわゆる「公害国会」では、公害に関する14の法律が制定・改正された。今日でも「大気汚染防止法」や「水質汚濁防止法」などが各領域における個別法として機能している)。他方で、後者の源流としては「自然環境保全法」(1972年制定の旧法。1993年の環境基本法制定にともない、その条文の一部が環境基本法に移行したのちも個別法として存続している)という法律があった(ある)(*8)。

ここではとくに、前者にかかる問題として「公害」について取りあげることにする。

「公害」ということばを聞くと、われわれは、日本の公害の「原点」ともいわれる明治時代後期の「足尾銅山鉱毒事件」や、日本経済が飛躍的に発展した「高度経済成長」期である1959年代後半から70年代初頭にかけて顕在化した、いわゆる「四大公害」(「熊本水俣病」「新潟水俣病」「富山イタイイタイ病」「四日市ぜん息」)を、あるいはこの地域に身近なものとして「名古屋新幹線公害」(1984年4月12日の名古屋高裁判決で賠償が認容されたが、差止請求は棄却)などの事案(*9)を想起するかもしれない。ときとして、これらはすでに過去の話であるかのような感覚に陥るかもしれないが、いまだにこうした「公害」をめぐる健康被害が継続している事実を、われわれは直視しなければならない。

ここで「熊本水俣病」を例にとると、1973年3月20日の「水俣病第一次訴訟」熊本地裁判決によって患者側の勝訴が判示され、その後の和解が進んだ(*10)。

しかし、水俣病をめぐる問題は、いまだ完全に解決してはいない。

直近の訴訟のひとつに、不知火海周辺地域から関西地域に移り住んだ水俣病患者やその遺族が国と

熊本県を被告として損害賠償を求めた「水俣病関西訴訟」がある。2004年10月15日の上告審判決において最高裁は、国について当時の「水質保全法」「工場排水規制法」、県について「熊本県漁業調整規則」に基づく、事業者（加害企業である「チッソ」）への排水規制をおこなわなかったことによる被害拡大にかかる行政責任を認め、国家賠償法上の違法を判示し賠償を認める判断をくだした。

この判決以降、水俣病の認定を求める申請者が急増しており、多くの未認定患者の存在が浮き彫りにされている。そのため、事態は「混乱」の一途をたどっているといわれる（*11）。

では、なぜ、いまごろになって、なのだろうか。

熊本には「島ぐるみ」で水俣病への沈黙をまもりつづけてきた島がある。「隠れ水俣病の島」と呼ばれる不知火海に浮かぶ御所浦島（天草市御所浦町）である。

御所浦の人びとはなぜ症状を訴え、患者として名乗り出なかったのだろう。2006年11月27日付の『熊本日日新聞』朝刊は、つぎのように報じている。

　……このころ［当時］、御所浦町の巾着網（きんちゃく）によるカタクチイワシ漁は、全国有数と言われていた。網元の影響力は絶大。水俣病患者の支援者らによると、漁業を守るため網元は「水俣病の申請は一切まかりならぬ」という"お達し"を網子を通して全域に流したという。

　行政は、汚染の実態を知らなかったわけではない。県衛生研究所（当時）が1960（昭和35）年から3年間実施した毛髪水銀調査。御所浦町では、調査を受けた1645人のうち、当時発症につながる最低基準とされた50ppm以上が153人確認された。ところが、この調査結果は生かされることなく闇に葬られてしまう。

　ある女性の毛髪水銀値は920ppm。データの残るかぎり、不知火海沿岸住民の中でも最高値だ。女性の娘（84）は明かす。「母は8年間も寝たきりじゃったが、誰も水俣病とは教えてくれんじゃった」。女性は、認定を申請することもなく息を引き取った。67歳だったが、死因は「老衰」とされた。

　東京から見れば辺境にある熊本。その熊本でも、著しく交通が不便な離島の町。行政はもちろん研究者の手さえ及ばず、住民も沈黙を選んだ。こうして御所浦町は「隠れ水俣病の島」になった（*12）。

2004年の関西訴訟最高裁判決後、島でのこうした沈黙も破られたという。実に900人を超える町民が、いままさに水俣病の症状を訴え、新たに名乗り出ているとされる（*13）。

加えて水俣病をめぐっては、2005年10月に、国および県ならびにチッソを被告とした損害賠償請求も新たに提訴されている。しかし、国と県は関西訴訟最高裁判決で示された国家賠償責任を認めつつも除斥期間や判断基準については依然として争う姿勢を示しており、チッソも「すでに時効が成立している」として請求の棄却を求める準備書面を熊本地裁に提出していることが報じられている（*14）。

公害や自然環境の破壊がひとたび起これば、その回復や対策にはさまざまな、そして多大なコストを割かねばならない。このことは、法的な救済の必要性が生じた場合にも同様である。実際に裁判で争う覚悟ができても、その後も精神的・経済的・時間的なコスト負担を維持しなければならない。ここで司

法がどのような判断をくだすのかは、当事者とくに原告にとってみれば、その一生を左右する決定的な問題になる。

しかし、「環境」や「公害」をめぐる訴訟にあっては（も）、必ずしも原告に有利な判断ばかりがくだるわけではない。それは不法行為請求の場合の立証責任を原告側が負うことや、問題の性質上、必然的に一定の科学的知見を問わざるを得ない場面が生ずる点で、困難さをともなうこととなる(＊15)。

いずれにせよ、「公害」は人為による「環境への負荷」のさいたるものであり、誰もが期せずしてその被害者に（あるいは加害者にも）なり得る。

立法や政策の展開のみならず、ひろく「環境」をめぐる裁判ないしは司法救済についても、われわれは目を向けなければならないだろう(＊16)。

4．憲法学と「環境」の権利性

環境基本法第1条の目的規定には「健康で文化的な生活」という文言がみられる。この文言は、憲法第25条が規定する「健康で文化的な最低限度の生活」の保障としての「生存権」保障に通じる。さらに、この環境基本法上の「健康で文化的な生活」が「人間の尊厳にふさわしい生活」と同義であり、そうした「生活」の確保にこそ環境基本法の目的のひとつがあること(＊17)からすると、われわれは憲法第13条で保障されるいわゆる「幸福追求権」をもここで想起することになるだろう。

ところで、現行憲法は「環境権」を明記していない。それゆえ、「環境」をめぐる「権利」の問題を考える場合に、それが法律ではなく憲法によって、憲法次元で保障された権利としての「人権」(＊18)といえるかについては論争がある。

ここでは、「環境権」の憲法上の位置づけを否定する見解もあれば、肯定する見解もある。肯定したとしても、第13条を根拠とする説、第25条を根拠とする説、第13条と第25条との双方を根拠とする説などがみられる。さらに憲法上の問題として「環境権」理解の意義を"理念"の次元に求めた場合でも、当該「環境権」は、ただちに司法的救済の観点から憲法違反の主張を可能にするものかという問題（第25条や第13条のもとで保障される「人権」の裁判規範性の問題）も残る。現実にはここで裁判所が一定の示唆を示した例はあっても、こうした憲法上の「環境権」を正面から認めて救済を図った判例は存在しない。

そうすると、一方では、なおさらに裁判過程における「成熟」を待つまでもなく、憲法上の「環境権」を論じ、理論的に憲法上の「環境権」を位置づけること自体に価値を見出すことができるのかもしれない。しかし他方では、現実に提起される「環境」をめぐる訴訟が、行政に対する、あるいは私人間相互における損害の賠償や差止めの請求等であることから、とくに後者の私人間での関係において憲法上の「環境権」を持ち出す意義に疑問を呈することもできる。つまり、憲法学上の「環境権」を現実に説く必然性はないか、あるいは説いたとしても実益に乏しいとも考えられる。このように、今日なお、憲法上の「環境権」をめぐる理解は一致をみていない(＊19)。

ところで、「環境権」は「新しい人権」と呼ばれて久しい。また今日では「憲法改正」に関する政治過程で

の議論においても、憲法に「環境権」を新設ないしは明記する方向が打ち出されている。

「環境」への配慮や「環境」の保全があらゆるものにとって「義務」「責務」としての側面をもつことは明瞭だろう。しかし他方で、憲法上の権利すなわち「人権」として「環境権」を盛り込む以上は、やはりその「享有主体」性（「個人」か「国民一般」か、あるいは自然人か法人かなど）や「名宛人」（誰に向けられた「人権」なのか、すなわち「公権力」にかぎるか否か）をめぐる理解、さらには、それがどのような性質の「人権」であるのか（自由権か社会権か。その双方の性格を有するか。あるいは「参加権」としての理解が可能か）についても明確にすべきである(＊20)。

たとえば、「良好な環境の享受」を法的な次元で「人権」として（あるいは「権利」としても）保障する場合には、経済的自由（とくに財産権の保障や企業活動の自由）との抵触が生ずるだろう（たしかに、憲法は公権力と個人との関係を規律するものではあるが、現実に私人間相互における問題になった場合にも、憲法条文が引き合いに出されることはある）。つまり、「人権」ないしは「権利」間での衝突が生じた場合の調整原理やそこでの価値判断の問題は、ここで避けられない障碍となり得る──もっとも、現実には、ここでの司法の役割に期待するほかはない(＊21)。

政治の場での認識はともかくも、「環境権」創設をめぐる法律学上での議論は依然として混沌とした状況にあるといえる。

5.「環境法学」の内と外

第2節でもふれたように、「地球環境」「自然環境」「都市環境」「生活環境」という4つの環境のカテゴリー各々について、あるいは各カテゴリーに横断的に、さまざまな「法」が存在し機能している。

そして、ここで前述のような「公害」と「自然環境」を2つの「源流」とする「環境」にかかわる諸立法を整理してみると、（資料1）(68頁)および（資料2）(69頁)で示されるとおりになる（ともに出典は、畠山武道『自然保護法講義［第2版］』北海道大学図書刊行会・2004年）。

こうした諸法律の解釈や運用、あるいは「地球環境」「自然環境」「都市環境」「生活環境」におけるさまざまな法的紛争(前掲注(＊16)を参照)を検討対象にする学問領域が、「環境法学」である。

ところで、とくに「国内環境法」の枠組みでみると、「環境」をめぐる法的な紛争は対公権力関係および私人間において生ずるものである。そのため、法的にみれば、「環境法学」は、「行政法学」すなわち（資料1）（資料2）にみられる諸法の解釈、行政処分取消訴訟・処分差止訴訟・処分義務づけ訴訟として生ずる環境行政訴訟等を検討対象とする法学の俎上で、さらには、「民事法学」すなわち主として私人間をめぐる問題としての民法理論の適用、民事法の解釈論、さらには損害賠償請求および差止請求として生ずる環境民事訴訟等を検討対象とする法学の俎上で、とりわけ2つの既存法領域を基盤とする独自の法領域として存在することになる(＊22)。

このように「環境法学」では、おもに行政法学上と民事法学上のアプローチが共存することになるが、前記各（資料）にみられる諸立法が処罰規定をおく場合には別途、「刑事法学」上の検討対象にもなる（なお、ほとんどの環境訴訟ないしは公害訴訟は、行政訴訟も含めて民事訴訟である。それだけに、注目さ

れる環境法領域での刑事事件の蓄積はそれほど多くはない。なお、処罰根拠としては「廃棄物処理法」「水質汚濁防止法」「鳥獣保護法」「自然公園法」などの個別法上の罰則規定のほかに、1970年制定71年施行の「人の健康に係る公害犯罪の処罰に関する法律」いわゆる「公害罪法」がある)(*23)。

また、実定法領域を離れてみると、環境法学は立法学や法政策学、政治学や行政学などの隣接領域との関係が非常に深い。また、SDのための「科学的知見」の不可欠さや環境保全の技術等を思料すると、自然科学の諸領域との密接な連携も想起できるだろう。したがって、環境法学は非常に学際性の高い法分野といえる(*24)。

6.「環境」をめぐる政策実現と「法」の役割

第1節では、一般的な「法」に拠らない「政策」の形成や実現の可能性について、また「政策」にとっての「法」のかかわりかたの多様性について、さらには「法」を手法とする「政策」実現の性格にふれていた。この点で「環境政策」の分野はまさに多様な様相を呈している。

「政策」とは、政治の方策である。国家あるいは地方公共団体がその抱える一定の目的ないしは課題を達成しようとする場合には、ここで最適な一もしくは複数の手法を用いることになる（実際には、複数手法を用いたほうが効果的な場合がほとんどである）。この点で「環境政策」における「規制的手法」は、基本的かつ伝統的な手法といえる。そして、「法」はここでの手段として機能するものといえる。

つまり、「環境」の破壊や汚染の防止あるいは「環境」の保全が国家の課題とされ、その実現のために一定の目標を達成しようとする場合、一般には、「法」を手段として（法律を制定することで）、目的達成のための「基準」を設定し(*25)、経済主体である企業ないしは事業者等の自由を規制して「基準」達成のための諸義務を課す。義務違反が生じた場合には、同法で規定される大臣等の命令、罰則、代執行といった実効性ないしは義務履行確保のための手段で臨むことになる（たとえば、水質汚濁や大気汚染などの各々の問題に対応した前述のような各種立法の制定とその内容を想起すればよい）。

ただし、こうした「規制的手法」のありかたについては、種々の批判もある。「規制的手法」自体の詳細については、つぎの第7節でふれることにする。

ところで、「規制的手法」が「法」に依拠する場合、通常は法律すなわち国会制定法を法形式とする。しかし地域の実情に応じて別途、「条例」や「規則」といった法形式で「規制的手法」がとられる場合もある。さらには、地方公共団体においても「規制的手法」以外の手法を複合的に用いることで、より実効的な「環境政策」の展開を図る場合がある（この点での名古屋市の取組みについて、本書第11章を参照）。

また、定立された一定の規範という意味においてひろく「法」をとらえるのならば、「法律」「条例」「規則」以外にも、「協定」（企業の任意の同意を得つつ、既存の諸法律に抵触しないかぎりで行政との取り決めをおこなうもの。「公害防止協定」として1960年代以降に用いられる。つまりこうした性格のゆえに、法的拘束力に関する議論の余地を残すことになるが、今日では「契約」と解する見解が有力とされる）に拠る場合も考えられる(*26)。もっとも、当該「協定」に関しては、法形式というよりもむしろ手法

自体の観点でとらえることもできるだろう。つまり「規制的手法」の枠内で論じるのではなく「自主的取組手法」という別の手法として位置づけることもできる(＊27)。

このように、「環境政策」上の手法は多様であり、「混合政策手段」とか「パッケージ政策」とも称されるように(＊28)、ここでは複数の手法を効果的に組み合わせることで(すなわち"policy mix"によって)効果的な政策展開を期待することができる。

そのため、「規制的手法」や前述の「自主的取組手法」のみならず、ここでは法的な枠組みを離れて市場原理に依拠する手法である「経済的手法」が注目されている(環境基本法第22条ならびに本書第6章を参照)——ここでは「財政的手法」や「金融的手法」などの区分もみられる(＊29)。さらに具体的には、補助金制度、税・課徴金減免・優遇、手数料の軽減、デポジット等の経済的利益の付与、課税や課徴金や賦課金、サーヴィスの有料化といった経済的不利益の負荷、規制対象となる行動主体間における排出権(枠)取引等、環境適合型の事業等の支援といった、費用対効果の高い("cost-effective"な)市場条件の創出といった区分もみられる(＊30)。このように考えると、「経済的手法」においても、「法」がツールとして機能することはあり得る。なお、とくに「税」をめぐっては、地方公共団体の「条例」に拠る産業廃棄物にかかる法定外目的税の課税をめぐる最近の動向(＊31)なども注目されるだろう。

のみならず、あらゆる行動主体間での情報の共有を図る「情報的手法」(一方向からの単なる「普及」「啓蒙」や情報提供にとどまらない、双方向的な情報共有の次元で把握されるもの(＊32)。なお、ここでもひとつのツールとして、私人の請求に基づく情報開示制度を保障する「法律」や「条例」、すなわち情報公開法制の存在を指摘できる(＊33))、さらには、各行動主体の意思決定過程で環境配慮等への手続を規定する「手続的手法」も認められる(事業者の「経営方針」としての「環境方針」による「環境管理システム」や製品等の「環境適合設計」、さらには「環境影響評価」などを内容とするもの。ここでも、環境影響評価〔アセスメント〕についての手続を法定化した1997年制定、99年施行の「環境影響評価法」が法的なツールとして機能している(＊34))。

こうしたさまざまな手法を用いる「環境政策」の主体となるのは、まず国である。

そしてここで中心的な役割を担う役所が「環境省」である(前身の「環境庁」は1971年に発足しているが、1998年制定施行の「中央省庁等改革基本法」による1府12省庁化にともない「環境省」に改組された)。

環境省は、「政府全体の環境の保全に関する総合的かつ長期的な施策の大綱」として、政府が定める「環境基本計画」(環境基本法第15条参照。現在では1994年に閣議決定され策定された「第一次環境基本計画」および2000年に閣議決定され策定された「第二次環境基本計画」の段階を終え、現在は2006年4月に閣議決定され策定された「第三次環境基本計画」の段階に入っている)に中心的に関与し、政府全体の「環境政策」の推進を担う(＊35)。また、(資料1)(資料2)にみられるような環境関連諸法を単独もしくは他の省庁と共同で所掌し、国の環境行政を中心的に展開してゆく。

その組織については現在、部局として「大臣官房」「廃棄物・リサイクル対策部」「総合環境政策局」「環境保健部」「地球環境局」「水・大気環境局」「自然環境局」があり(＊36)、役所内では会議等による一般

的な政策形成、さらに別途、個別政策に関する政策形成が図られる一方で、「プロジェクトチーム」編成等による「機動的政策形成」のプロセスも執られている(*37)。

つぎに、地方公共団体（都道府県、市町村）が「環境政策」の主体になる。

もっとも、自治体での取組みのありようは組織面も含めさまざまである。この点で、たとえば名古屋市についての「環境政策」の実践については本書第11章を参照されたい。

7.「規制的手法」の意義と課題

「環境政策」の実現にあたって「規制的手法」が基本的かつ伝統的なものであること、しかしながら、この手法は万能ではないことが確認できた。

しかし、「政策実現」の手法として「最も代表的なものは各種の経済的規制であるが、この規制（経済的自由の抑圧）という手法は、法律学者からはともかく、経済学者からは実に評判が悪い。それは、規制が市場における経済主体の行動の自由を基本的に奪うものだからである（市場というものは、経済主体の行動の自由を前提としてはじめて成立するメカニズムであるという点に留意）。そこで、規制にかわって注目されるのが、いわゆる経済的手法である」と説かれるように(*38)、経済学の観点からみると、「法」に"濃密に"依拠し、法律学における議論に最もなじむ、こうした「規制」の実践や経験には、違和感が認められることになる。

もっとも、「規制的手法」と「経済的手法」は隣接するものであり、先にふれたように「経済的手法」のなかには「法」をツールとして機能する手法も存在する。そのため、両者は"混合"するものでもあるし、はっきりとした"線引き"になじむものでもないだろう。

しかしながら、SDが、社会を担うあらゆる次元でのアクターすなわち、国家、自治体、事業者、NPO等の各種団体、さまざまなコミュニティー等、そして個人にも内在する概念であるのならば、程度の差こそあれ、あるいはSDを事実上の概念に限定してとらえたとしても、ここで各々の次元のアクターすべてに一定の制約が必然的に課される点には留意すべきだろう。つまりここでは、その「行動の自由」が（法的にみて）最大限の尊重を受けたとしても（この点で、第4節でふれた「人権」としての「経済的自由」とくに財産権の保障や企業活動の自由を想起されたい）、経済主体・事業者もまた例外なく、当該「自由」を完全・無制限に享受できることにはならないはずである。

このように考えてみると、とくに"経済的な規制"としての色彩を帯びる「規制的手法」を、先にみた伝統的な「規制的手法」と「経済的手法」とを架橋する「規制的手法」として位置づけることができる。要するに「規制的手法」を考える際には、さらにここでの性質に応じた区分をおこない、一元的な理解を捨てて、新たなヴァリエーションを確定することになる。

つまり、「規制的手法」には、まず先にみた伝統的な「規制的手法」がある。これを「直接規制的手法」と解する。そしてここでの新たなヴァリエーションとして、事業者に特定物質の排出量の削減を規制的に義務づけることなく、その自主的な取組みに委ねる（しかし、事業者の行政への届出等によって排出量の把握を担保し、さらに結果の公表等によって削減の効果を確認する）手法である「枠組規制手法」と解す

る（ここでも、こうした手続を法定化した1999年制定2001年施行の「特定化学物質の環境への排出量の把握等及び管理の改善の促進に関する法律」等の立法が、法的なツールとして機能している現状がみられる）(*39)。

そうすると、「規制的手法」も捨てたものではないように思われるが、しかしながら、いずれの「規制的手法」についても、やはりその問題点は指摘されている。

「直接規制的手法」については、高度な科学的知見が要求される場合の「基準」設定の難しさ、「基準」が設定された場合の硬直化と法の改正の事実上の困難さも含め運用に弾力性を欠くこと、法の遵守によることで実効性が図られるのでここでの監視体制を十全にすることが不可能であること、またより高い目標実現にいたらないこと等である(*40)。「枠組規制手法」についても、ここでの「個別主体の行為をあらかじめ予測できないため、規制の効果を事前に定量化できないこと、制度の設計によっては、規制の成果を個別的に補足することが難しく、事後的にも効果の把握が不十分となる可能性があることは否定できない」とされる(*41)。

では、つまるところ、「環境政策」実現のために用いられる多様な手法の相互関係はどのようなものになるのだろう（いかに整理することができるのか）。そして、「環境政策」における諸手法が効果的に機能する"policy mix"のすがたをどのようにイメージすることができるのだろうか。この点こそが「環境政策」における手法論の核心部分になるだろう。ここでは（資料3）(70頁)がひとつの手がかりになるはずである（出典は、浅野直人「環境管理の非規制的手法」大塚直＝北村喜宣編『環境法学の挑戦』淡路＝阿部還暦記念、日本評論社・2002年）。

ところで「規制的手法」のみならず、これまでみてきたいずれの手法においても「法」は重要なツールとして機能していた。こうした現状にふれるとき、諸手法における「法」のありようについても、再考する必要があるだろう。

この点につき、阿部泰隆はつぎのように述べる。「……法律は環境を守るかといえば、むしろ逆で、法律学は、19世紀の財産権偏重の発想にこだわっているため、法律学の厳密かつ固い理論が環境保全を妨げていることを認識する必要がある。……これからの法律学は、実定法を精査して、地球環境の持続的な維持に寄与するように組み替えなければならず、そのために制度作りの発想を変えるべきである」(*42)。

「環境」にとって「法律」の果たす役割はたしかに重たい。しかしながら、「環境」にとっての「法律学」は大きな障碍にもなる。「権利」や「義務」を対象とする以上、学問としての「法律学」の「厳密」さは否めないし、さらにまた、「法律学」とくに実定法学は、本来そうした学問でなければならないはずである。しかしともすれば、ここでの「法律学」的な「厳密かつ固い」思考は、「環境保全」の弊害になる。ここで常に柔軟な発想をもちながら、「環境政策」上の法制度設計を展開すべきとする、こうした法学者の着想ないしは提言は、「環境と法」についての重要な示唆を含むはずである。

8. おわりに

第2節で検討したように、われわれ自身もまた、ひとりの「国民」として、法的にもSDの「責務」を負う。そして第3節でみたように、誰もが期せずして「公害」ないしは法的紛争の当事者になり得る。さらに、第4節で検討したように、われわれ個人は、「人権」や「権利」の「享有主体」として、同じくその「享有主体」である他者との衝突の可能性を常にもちながら社会生活を送っている。そして「主権者」として、この国の政治のありかたを最終的に決定するわれわれがこの国を監守し、導く役割を担う。さらには第6節や第7節でみたように、事業者ないしは企業とともに、われわれ国民は「環境政策」の客体として不可欠なアクターとなる。

こうしたさまざまな立場や次元から、ひとりひとりができること、なすべきことは尽きないだろう。

たとえば、日々の暮らしのなかで「環境への負荷」を意識し、あらゆる資源の有限性を想起しつつ、ここで身近に自分自身ができることからはじめることも大切である。たしかに、これまでのわれわれの意識は"お粗末"だったのかもしれない。

ここで法学者である山村恒年は、つぎのように指摘する。「……大量生産・大量消費にマインドコントロールされた市民は商品のモデルチェンジなどの宣伝に乗せられたライフスタイルを変化させることは困難であった。他方で、政府の公共事業推進策などは、地方自治体や市民の政府への依存症を増幅させ、環境に対する配慮心を縮小させていった。これらが、環境法の進展にも拘わらず、SDが進展しない原因となっている」(＊43)。

企業や生産者のみならず、自身のライフスタイルに対する厳しい視線、利権や無駄を垣間見る余地を払拭できない公共事業に対する批判的な視点と監視は、今後も引き続き不可欠だろう。ひいては、「官」のやることに間違いはないといった"おまかせ"主義やそうした無責任さ無自覚さも、そろそろ"卒業"すべき時期にきているのだろう――もっとも、ここで一般にNPO等の団体の活動実践やいわゆる「官民協働」がこれまで以上に注目されることは言を俟たない。

また、社会で起こるさまざまな紛争、とくにここでは「環境破壊」や「公害」、ひいては「いのち」をめぐる問題や訴訟に目を向けることも大切である。もし自分が当事者だったらどうするか、加害企業や国に対していかに対峙するかを考えてみるべきではないだろうか。重ねてここでは、誰もが期せずしてその当事者（とくに被害者）になり得ることを強調しておきたい。決して他人事ではないはずである。

さらには、「政治」は難しい、自分には関係ないと決めつけることなく、たとえば「憲法改正」、とくにここでは「環境権」をめぐる議論等に目を向けてみることも大切だろう。

われわれの代表者が日ごろ何を考え、どのような行動をとっているのか、国会や議会の場でどのような発言をしているのか、あるいは、ときに意図的に考えることを避け、何も言わないことさえあるということを知る、気にかけるだけでもよいはずである。それはまさに、「主権者」としてなすべき第一歩だといえる。なお、ここでは当然に、自身の確たる意見をもち、みずからの責任で判断するために、われわれには種々の情報を取捨選択する能力が求められていることにも留意すべきである。これはすぐれて情報の"送り手"の問題にもなり得るが（もっとも、個人が"送り手"になる場合もあるだろう。しかしそうであっても、無

責任な言説空間に進んでみずから逃避することは論外だろう)、何よりもここでは、さまざまなツールによって多様な情報が流布（というよりも氾濫）している今日、より"受け手"としての"メディアリテラシー"の自覚を自発的に促すべきである(＊44)。

そして最後に、われわれが「環境政策」における客体であるのならなおさらのこと、国や自治体に対する主体的なアプローチをとることを心がけなければならない。この場合には、とくに第6節でみた「情報的手法」の活用が効果的であると思われる。

国や自治体の「環境政策」については、現にさまざまなツールでの情報提供がおこなわれている(＊45)。さらにこうした提供の程度で納得がいかなければ、情報公開「法」や各自治体の情報公開「条例」に基づいて「環境情報」の開示請求をおこなえばよい（こうした「情報的手法」にみられる情報へのアクセスは、客体間において、すなわち企業の"ディスクロジャー"の次元においても機能することになるだろう)。さらには、政策形成過程での確実な私見の反映を保障するものではないにせよ、ここではパブリック・コメント制度（意見公募手続）を活用することもできる(＊46)。ただこの点については、今後国のみならず、自治体における当該制度の整備ないしは条例化にも期待しなければならない。

さらにここでは、いわゆる「市民参加」の手法、たとえば「公募市民参加委員会」による「条例」づくりや「基本計画」の策定等、思索段階における市民と行政との協働可能性の模索なども考えられる(＊47)。もっとも、実際問題としてみると、その実現はそれほど容易なことではないかもしれない。

しかしこうした一般的な「市民参加」手法の展開は、「環境」が市民ひとりひとりに身近な問題であることからすれば、「環境政策」の領域において、しかも自治体の段階で、より親和するように思われる。

このように、われわれにより身近な次元で「環境政策」における双方向的な保障が図られることは、第7節でみた"法制度設計の発想転換"として評価されるばかりか、何よりSDにとって最大限に資する「法」の役割を認めることになるはずである。

いずれにせよ、「環境政策」の展開における根源的なアクターが個人である以上は、法的にも、また事実上も、SDの実現にとってわれわれひとりひとりの自覚が決定的な原動力となることに疑いはない。

(資料1）公害対策に関する法律の体系

環境基本法 （環境基本計画）	環境基準の設定		大気汚染、水質汚濁、騒音、土壌汚染について定める
	排出等の規制	大気汚染	大気汚染防止法、道路運送車両法、道路交通法、電気事業法等
		水質汚濁	水質汚濁防止法、海洋汚染及び海上災害の防止に関する法律、瀬戸内海環境保全特別措置法、湖沼水質保全特別措置法等
		土壌汚染	農用地の土壌の汚染防止等に関する法律、土壌汚染対策法
		騒音	騒音規制法、道路運送車両法、道路交通法、航空法等
		振動	振動規制法、道路交通法等
		地盤沈下	工業用水法、建築物用地下水の採取の規制に関する法律
		悪臭	悪臭防止法
	製造等の規制		化学物質の審査及び製造等の規制に関する法律、農薬取締法、特定物質の規制等によるオゾン層の保護に関する法律等
	廃棄等の規制		廃棄物の処理及び清掃に関する法律、ダイオキシン類対策特別措置法等
	リサイクル等の促進		循環型社会形成推進基本法、容器包装に係る分別収集及び再商品化の促進等に関する法律、特定家庭用機器再商品化法、資源の有効な利用促進に関する法律、建設工事に係る資材の再資源化等に関する法律、使用済自動車の再資源化等に関する法律
	土地利用等の規制		国土利用計画法、都市計画法、建築基準法、公共用飛行場周辺における航空機騒音による障害の防止等に関する法律、幹線道路の沿道の整備に関する法律等
	公害防止計画の策定		環境基本法
	公害防止事業の推進		公害防止事業費事業者負担法、公害の防止に関する事業に係る国の財政上の特別措置に関する法律
	事業者に対する助成		環境事業団法、租税特別措置法
	被害者の救済		公害健康被害の補償等に関する法律、水俣病の認定業務の促進に関する臨時措置法
	紛争の処理		公害紛争処理法（公害等調整委員会）

出典：畠山武道『自然保護法講義［第2版］』（北海道大学図書刊行会・2004年）

(資料2) 自然保護に関する法律の体系

環境基本法 (環境基本計画) — 自然環境保全法 (自然環境保全基礎調査) (自然環境保全基本方針) ┈ 生物多様性国家戦略	原生的な自然の保護	自然環境保全法
	自然景観の保護	自然公園法、都市計画法、屋外広告物法
	森林生態系の保護	森林法、森林・林業基本法、国有林野の管理経営に関する法律、森林の保健機能の増進に関する特別措置法、緑資源公団法、採石法、治山治水緊急措置法、地すべり等防止法、宅地造成等規制法
	河川生態系の保護	河川法、特定多目的ダム法、水資源開発促進法、独立行政法人水資源機構法、水源地域対策特別措置法、砂利採取法、治山治水緊急措置法、水防法
	湖沼生態系の保護	河川法、湖沼水質保全特別措置法、琵琶湖総合開発特別措置法
	海岸生態系の保護	海岸法、砂防法、瀬戸内海環境保全特別措置法、公有水面埋立法、港湾法、漁港法
	都市緑地等の保存	都市公園法、都市緑地法、都市計画法、建築基準法、首都圏近郊緑地保全法、生産緑地法、古都における歴史的風土の保存に関する特別措置法等
	野生生物の保護	鳥獣の保護及び狩猟の適正化に関する法律、絶滅のおそれのある野生動植物の種の保存に関する法律、文化財保護法、動物の愛護及び管理に関する法律、水産資源保護法、漁業法、海洋生物資源の保存及び管理に関する法律、特別外来生物による生態系等に係る被害の防止に関する法律等
	自然再生事業の実施	自然再生推進法
	自然環境への影響の評価	環境影響評価法

*関連する国際条約：絶滅のおそれのある野生動植物の種の国際取引に関する条約（ワシントン条約）、特に水鳥の生息地として国際的に重要な湿地に関する条約（ラムサール条約）、移動性野生動植物種の保全に関する条約（ボン条約）、生物の多様性に関する条約、世界の文化遺産及び自然遺産の保護に関する条約（世界遺産条約）、日米渡り鳥条約、国際捕鯨取締条約、北太平洋のオットセイの保存に関する暫定条約等

出典：畠山武道『自然保護法講義 [第2版]』(北海道大学図書刊行会・2004年)

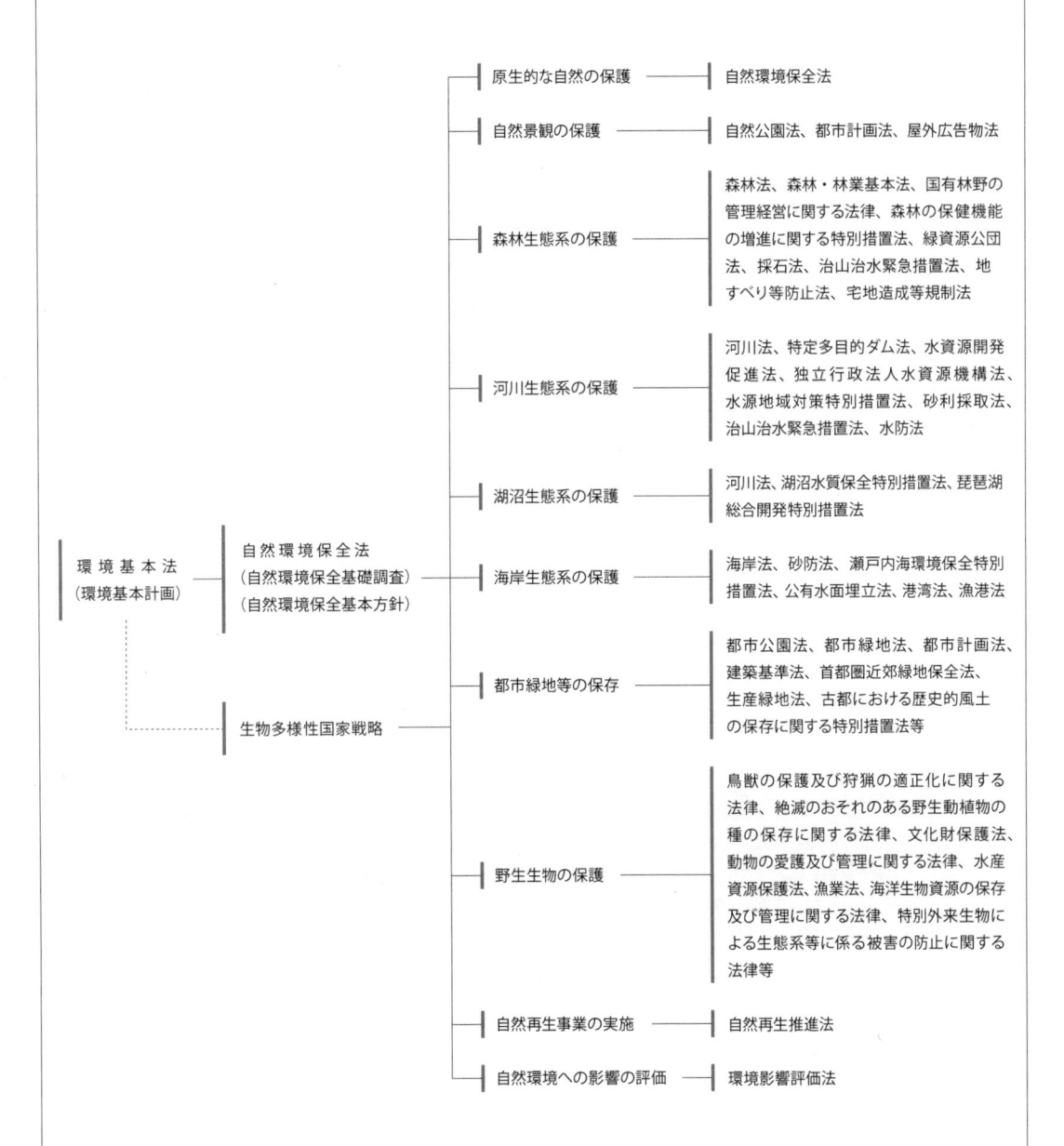

(資料3) ポリシーミックスに用いられる政策手法のイメージ

| 環境問題の性質 | 原因が限定されており、ナショナルミニマムを維持するために対策が急務である | 問題の因果関係が複雑で原因が限定できないため予防的な処置が必要である | 問題の原因者が多岐に渡り、解決に向けて多くの主体行動を変化させる必要がある | 期待される効果 |

政策対象者の意思決定の自由度 小 ─ 大

直接規制的手法
具体的行為の禁止・義務付け
総量規制

枠組規制的手法
大気汚染防止法による化学物質の規制　PRTR法

マニフェスト制度

経済的手法
排出量取引
環境に関する税
補助金　税制優遇措置
グリーン購入

自主協定
自主的手法
自主的行動計画

手続的手法
戦略的環境アセスメント
環境影響評価制度
環境マネジメントシステム　環境適合設計

情報的手法
環境ラベリング　LCA
環境パフォーマンス評価
環境報告書　環境会計

期待される効果：
- 社会システムの変化
- 技術的発展と環境投資
- 価値観・行動の変化

注：この図では、ポリシーミックスをイメージしやすいように、各項目を大まかに配置しており、意思決定の自由度については、各制度の具体的な内容によって差があるため、配置の位置関係が厳密にその大小を表すものではない。

資料：環境省（平成13年版環境白書より引用）

出典：浅野直人「環境管理の非規制的手法」大塚直＝北村喜宣編『環境法学の挑戦』淡路＝阿部還暦記念（日本評論社・2002年）

注

56頁

(＊1) 参照、北村喜宣『プレップ環境法』(弘文堂・2006年) 4－5頁。

57頁

(＊2) 参照、阿部泰隆＝淡路剛久編『環境法 [第3版補訂版]』(有斐閣・2006年) 38頁以下 [阿部執筆]。また、磯崎博司「国際環境法と国内環境法」、岩間徹「環境条約の展開」、前田陽一「地球温暖化問題への法政策的対応—現状と課題の概観—」いずれも大塚直＝北村喜宣編『環境法学の挑戦』淡路＝阿部還暦記念 (日本評論社・2002年) 所収、さらに森島昭夫＝大塚直＝北村喜宣『環境問題の行方』ジュリスト増刊・新世紀の展望 (有斐閣・1999年)、「Ⅳ 国際環境法・外国環境法」に所収される各論文等も参照。

(＊3) 直近では2006年制定の「住生活基本法」「自殺対策基本法」がある。こうした「基本法」の名称をもつ法律の多くは、まず「基本理念」をうたい、当事者 (国・地方公共団体・事業主・国民等) の責務を明らかにしつつ基本的施策 (指針、基本計画、基準等) を規定することで、包括的かつ柔軟な対応を図る枠組みを提供するものである。また、いわゆる"中間法"ないしは"親法"としての実質的な機能評価を受けることもある。こうした「基本法」の制定は、ここ10年来とくに顕著である。「基本法」に関する最近の文献に、『自治研究』第81巻8号 (2005年8月) 以降連載の川崎政司「基本法再考—基本法の意義・機能・問題性—」がある。なお、当該領域では、廃棄物・リサイクル対策の重要性に鑑み、「循環型社会形成推進基本法」が2000年に制定・施行された。さらに、ここで環境基本法における「環境基本計画」の機能については、浅野直人「環境基本法と環境基本計画」森島昭夫＝大塚直＝北村喜宣『環境問題の行方』ジュリスト増刊・新世紀の展望 (有斐閣・1999年) 所収を参照。

(＊4) 参照・引用、環境庁企画調整局企画調整課編『環境基本法の解説』(ぎょうせい・1994年) 115頁以下第1条解説部分。

(＊5) この概念についての最新の問題状況を的確に整理する論考として、参照、大塚直「『持続可能な発展』概念」『法学教室』No.315 (2006年12月) 所収。当該概念をめぐる多様な議論を収める成果としては、淡路剛久＝川本隆史＝植田和弘＝長谷川公一編『持続可能な発展』(リーディングス環境) 第5巻 (有斐閣・2006年) がある。またここでは、高村ゆかり「持続可能な発展 (SD) をめぐる法的問題」森島昭夫＝大塚直＝北村喜宣『環境問題の行方』ジュリスト増刊・新世紀の展望 (有斐閣・1999年) 所収等も参照。

(＊6) 大塚直『環境法 [第2版]』(有斐閣・2006年) 48頁、大塚前掲 (＊5) 論文70頁。

58頁

(＊7) 参照、環境庁企画調整局企画調整課編前掲 (＊4) 書142頁第3条解説部分。

(＊8) 参照・引用、環境庁企画調整局企画調整課編前掲 (＊4) 書30頁以下および55頁以下。また、松村弓彦＝柳憲一郎＝荏原明則＝小野賀晶一＝織朱實『ロースクール環境法』(成文堂・2006年) 3－17頁 [柳執筆分] も参照。

(＊9) ここにあげた「公害」をめぐる訴訟については、比較的早い時期に刊行された文献として、さしあたり以下のものを参照。東孝行『公害訴訟の理論と実務』(有信堂・1971年)、牛山積『公害裁判の展開と法理論』(日本評論社・1976年)、沢井裕『公害差止の法理』(日本評論社・1976年)、淡路剛久『公害賠償の理論 [増補版]』(有斐閣・1978年)、牛山積『公害法の課題と理論』(日本評論社・1987年)。また、「公害」をめぐる住民運動の展開等にかかるこれまでの代表的な研究成果を収める文献として、淡路剛久＝川本隆史＝植田和弘＝長谷川公一編『生活と運動』(リーディングス環境) 第3巻 (有斐閣・2005年) を参照。

(＊10) 水俣病の法的検証として、さしあたり、日本弁護士連合会編『環境法 第2版』(日本評論社・2006年) 46－82頁および、阿部泰隆「裁量収縮論の擁護と水俣病国家賠償責任再論」、原田正純「水俣の証人」、沢井裕「水俣病裁判外史」いずれも淡路剛久＝寺西俊一編『公害環境法理論の新たな展開』(日本評論社・1997年) 所収、環境省『環境白書 (平成18年版)』(2006年12月時点でアクセス可能なURLは、http://www.env.go.jp/policy/hakusyo/hakusyo.php3?kid=225) 中の「総説2 環境問題の原点 水俣病の50年」を参照。また、訴訟の集大成として、水俣病被害者・弁護団全国連絡会議編／清水誠＝宮本憲一＝淡路剛久監修による全5巻の『水俣病裁判全史』が1999年から逐次、日本評論社より刊行されている。

59頁

(＊11) この2004年の最高裁判決後の動向を検証し、今後の課題を示す論考として、園田昭人「水俣病関西訴訟最高裁判決後の新たな国賠訴訟の意義」、内川寛「水俣病認定申請放置の行政責任」、大石利生「原告を代表して」を所収する、『法律時報』第78巻11号 (2006年10月号) の「小特集：水俣病・新たな国家賠償訴訟の意義」を参照。

(＊12) 久間孝志氏の署名記事。ネット版の「くまにち.コム」から参照した。URLは http://kumanichi.com/feature/minamata/ (2006年12月にアクセス)。

(＊13) 熊本日日新聞は、「公式認定」から今日50年を迎える水俣

病について、長期にわたって一貫して積極的な特集を組んでおり、注目される。「水俣病百科」として前掲（＊12）URLから参照可能である（2006年12月時点）。

（＊14）2006年11月26日付『朝日新聞』朝刊。

60頁

（＊15）ここで注目すべき司法判断が示された事案も少なくはないだろうが、たとえば「四日市ぜん息」につき複数の加害事業者を被告とした損害賠償請求訴訟において、津地判四日市支部1972年7月24日が判示した共同不法行為をめぐる法理なども注目されるだろう（さしあたり、小賀野晶一による本件評釈、淡路＝大塚＝北村編後掲（＊16）書所収を参照）。

（＊16）「環境」をめぐる代表的な裁判例を網羅する文献として、森島昭夫＝淡路剛久『公害・環境判例百選』（有斐閣・1994年）、淡路剛久＝大塚直＝北村喜宣編『環境判例百選』別冊ジュリスト（有斐閣・2004年）、大塚直＝北村喜宣編『環境法ケースブック』（有斐閣・2006年）、松村＝柳＝荏原＝小野賀＝織前掲注（＊8）書「第Ⅲ編 環境行政訴訟」「第Ⅳ編 環境民事訴訟」、畠山武道＝古城誠＝木佐茂男編『環境行政判例の総合的研究』（北海道大学図書刊行会・1995年）、を参照。なお、淡路＝大塚＝北村編前掲書では、「大気汚染」「水質汚濁」「騒音・振動」「悪臭」「地盤沈下」「廃棄物・廃棄物処理施設」「日照・通風妨害」「風害・光害」「眺望・景観」「自然保護」「埋立て・環境保全」「文化財・アメニティー」「原子力」「その他の環境破壊」「訴訟救助・カルテ提出命令」「公害紛争処理法」「刑事事件」という事案のカテゴリー区分がとられている。

（＊17）参照・引用、環境庁企画調整局企画調整課編前掲（＊4）書第1条解説部分116－117頁。

（＊18）憲法学における「人権」の観念理解については、以下の文献を参照。奥平康弘『憲法Ⅲ 憲法が保障する権利』（有斐閣・1993年）、ステファン・トレクセル（小林節訳）「人権について」国際シンポジウム委員会編『二十一世紀における法の課題と法学の使命』（慶応義塾大学法学研究会／慶應通信・1994年）所収、樋口陽一『一語の辞典 人権』（三省堂・1996年）、渡辺康行「人権理論の変容」岩村ほか編集『岩波講座 現代の法1 現代国家と法』（岩波書店・1997年）所収、藤井樹也『「権利」の発想転換』（成文堂・1998年）、辻村みよ子「人権の観念」高橋和之＝大石眞編『憲法の争点［第3版］』（有斐閣・1999年）所収、佐藤幸治『憲法とその"物語"性』（有斐閣・2003年）146-155頁、ウィンストン・E・ラングリー著（竹澤千恵子監訳）『現代人権事典』（明石書店・2003年）、西原博史「＜国家による人権保護＞の道理と無理」樋口陽一＝森英樹＝高見勝利＝辻村みよ子編『国家と自由』（日本評論社・2004年）所収、樋口陽一『国法学 人権総論』（有斐閣・2004年）、駒村圭吾「基本的人権の観念①（人権の意味）」小山剛＝駒村圭吾編『論点探究 憲法』（弘文堂・2005年）所収、宍戸常寿「『憲法上の権利』の解釈枠組み」安西文雄ほか『憲法学の現代的論点』（有斐閣・2006年）所収。

（＊19）「環境権」をめぐるこれまでの代表的な成果を収める文献として、淡路剛久＝川本隆史＝植田和弘＝長谷川公一編『権利と価値』（リーディングス環境）第2巻（有斐閣・2006年）87頁以下に所収される各論文がある。また、憲法学上での的確な学説整理として、中富公一「環境権の憲法的位置づけ」高橋和之＝大石眞編『憲法の争点［第3版］』（有斐閣・1999年）所収を参照。またここでは、樋口陽一＝佐藤幸治＝中村睦男＝浦部法穂『憲法Ⅱ［第21条～第40条］』注解法律学全集2（有斐閣・1997年）159－163頁［中村執筆］、松浦寛『環境法概説（全訂第3版）』（信山社・2000年）46－71頁も参照。とくにドイツにおける「環境権」理解を軸に「環境権」の意義を説くものとして、大塚直「環境権(1)(2)」『法学教室』No.293（2005年2月）、No.294（2005年3月）所収および大塚前掲注（＊6）書53頁を参照。なお、後掲注（＊20）も参照されたい。

61頁

（＊20）現時点における法律学上の議論の到達点を示すものとして、大塚直「憲法における環境規定のあり方—特集にあたって」、塩田智明「衆議院憲法調査会における『環境』に関する議論」、松本和彦「憲法における環境規定のあり方—憲法研究者の立場から」、石川健治「憲法改正論というディスクール—WG提案を読んで」、淡路剛久「フランス環境憲章について」、大塚直「憲法環境規定のあり方—環境法研究者の立場から」、柳憲一郎「コメント①」、北村喜宣「コメント②」、「［ワーキンググループ（WG）検討結果］憲法環境規定・環境基本法規定案」、「憲法における環境規定のあり方—討議の概要」を収録する、『ジュリスト』No.1325（2006年12月）の特集「憲法における環境規定のあり方」を参照。また、村田哲夫「環境権の意義とその生成」、松本和彦「憲法学から見た環境権」、安部慶三「憲法改正論議における環境権」、大杉麻美「民法における環境権論議の変容」等の論考を収録する人間環境問題研究会編『環境権と環境配慮義務』、『環境法研究』第31号（有斐閣・2006年）も参照。なお、ドイツでは憲法レヴェルで保障されている「環境権」について、その手続的権利としての側面を認めた事例研究に、樺島博志「手続的権利としての環境権の法理」環境法政策学会編『総括 環境基本法の10年—その課題と展望—』（商事法務・2004年）がある。またここでは、富井利安「環境権と景観享受権」富井利安編集代表『環境・公害法の理論と実践』牛山古稀記念（日本評論社・2004年）所収等も参照。

（＊21）この点につき、さらに、桑原勇進「環境権の意義と機能」森島昭夫＝大塚直＝北村喜宣『環境問題の行方』ジュリスト増刊・新世紀の展望（有斐閣・1999年）所収、中山充「環境権論の意義と今後の展開」大塚直＝北村喜宣編『環境法学の挑戦』淡路＝阿部還暦記念（日本評論社・2002年）所収も参照。

（＊22）さらにここでは、環境法政策学会編『環境訴訟の新展開—その課題と展望—』（商事法務・2005年）、中川丈久「環境訴訟・紛争処理の将来」大塚直＝北村喜宣編『環境法学の挑戦』淡路＝阿部還暦記念（日本評論社・2002年）所収も参照。ここでは、新たな訴訟のありかたに向けての課題も示されている。なお、従来からの損害賠償ないしは差止請求では、民法第710条における「人格権」理解が問題になる。それが侵害されれば、第709条規定の不法行為としての損害賠償が認められ、さらに被害が継続すれば「人格権」に基づく差止請求が認められる場合もある。また、ここでは「環境権」に基づく差止請求よりも、事実上は「人格権」に基づく差止請求が容認される傾向にあり、損害賠償が認められるよりも差止が認められるほうが事実上困難であるといわれる。この点につき、森島昭夫＝大塚直＝北村喜宣『環境問題の行方』ジュリスト増刊・新世紀の展望（有斐閣・1999年）「Ⅱ環境紛争の処理」に所収される各論文を参照。またここで、環境経済政策学会編／佐和隆光監修『環境経済・政策学の基礎知識』（有斐閣・2006年）252-253頁［大久保規子執筆］も参照。

62頁

（＊23）環境をめぐる刑事事件としては、淡路＝大塚＝北村編前掲注（＊16）書の「刑事事件」のカテゴリーに所収されるものが代表的である。なお、ここで公害の犯罪性を論ずる刑法学者の成果として、藤木英雄『公害犯罪』（東京大学出版会・1975年）を参照。また、山中敬一「環境刑法の現代的課題」森島昭夫＝大塚直＝北村喜宣『環境問題の行方』ジュリスト増刊・新世紀の展望（有斐閣・1999年）所収も参照。なお、前掲注（＊10）URLで参照可能な、環境省『環境白

書（平成18年版）』中の「環境問題の現状と政府が環境の保全に関して講じた施策」－「第7章図表一覧」中には、刑事事件にかかる事件数ないし検挙数一覧等も掲載されている（2006年12月アクセス）。

（＊24）さらにここでは、大塚直＝北村喜宣編『環境法学の挑戦』淡路＝阿部還暦記念（日本評論社・2002年）所収の舟田正之「環境規制と独占禁止法制」、長谷川公一「環境社会学と環境法学」、交告尚史「環境倫理と環境法」の各論文も参照。

（＊25）ここでは、環境法令研究会編『環境基準・規制対策の実務』（第一法規・1997年）も参照。

（＊26）「覚書」「念書」「協議書」といった名称で呼ばれる場合もある。松浦前掲注（＊19）書213頁によれば、1952年の島根県と山陽パルプとの間の覚書が最初のものであるとされ、さらに「本格的な公害防止協定」としては、1964年に「横浜市が同市の根岸湾の埋立地に進出する企業との間で、各種の環境保全措置をとる旨の約束をとりかわした協定」が最初の試みとされる。これ以後、同協定は「横浜方式」として自治体の協定締結のモデルになった。なお、法的なその性格については、「紳士協定」「民事上の契約」「公法上の契約」といった諸理解があるが、今日ではいずれにせよ「契約説」による理解が有力とされる。この点の詳細については、高橋信隆「環境保全の『新たな』手法の展開」森島昭夫＝大塚直＝北村喜宣『環境問題の行方』ジュリスト増刊・新世紀の展望（有斐閣・1999年）所収を参照。また、北村喜宣『自治体環境行政法 第4版』（第一法規・2006年）の「第2部 要綱と協定（要綱行政；公害防止協定・環境管理協定）」、松村＝柳＝荏原＝小野賀＝織前掲注（＊8）書94－101頁［松村執筆］にも詳細である。さらにここでは、比較的初期段階の各地での実践例を分析する、人間環境問題研究会『公害の防止および環境保全に係る規則・要綱・協定等の法学的研究』（人間環境問題研究会・1979年）も参照。

63頁

（＊27）諸手法の類型化およびその精緻な分析につき、浅野直人「環境管理の非規制的手法」大塚直＝北村喜宣編『環境法学の挑戦』淡路＝阿部還暦記念（日本評論社・2002年）所収を参照。「自主的取組手法」につき浅野教授は、ここでのOECDによる「公的自主計画」「自主協定」「片務的公務」の別を確認し、さらに各々の展開をも説く。「協定」はこのうち「自主協定」に位置づけられる。

（＊28）こうした「環境政策」一般についての現状理解については、さしあたって、淡路剛久＝川本隆史＝植田和弘＝長谷川公一編『法・経済・政策』（リーディングス環境）第4巻（有斐閣・2006年）129頁以下に所収される各論文および、環境経済政策学会編／佐和隆光監修前掲注（＊22）書194-195頁［永井進執筆］を参照。さまざまな手法の態様につき、阿部＝淡路編前掲注（＊2）書49－60頁［阿部執筆］は、「規制的手法」「土地利用規制手法」「事業手法」「買上げ・管理契約手法」「計画的・管理的手法」「経済的・誘導的手法」「利益の没収手法」「補助手法」「啓発手法」「行政指導手法」「契約手法－公害防止協定」「情報手法」に整理・分類する。

（＊29）参照、中里実「経済的手法の意義と限界」森島昭夫＝大塚直＝北村喜宣『環境問題の行方』ジュリスト増刊・新世紀の展望（有斐閣・1999年）所収。関連して、とくにOECD諸国における環境税制につき、水野忠恒「環境政策に於ける経済的手法－OECD報告書（1993－1995）の検討－」小早川光郎＝橋滋編『行政法と法の支配』南博方古稀記念（有斐閣・1999年）所収を参照。アメリカにつき、黒川哲志『環境行政の法理と手法』（弘文堂・2004年）「第5章 経済的手法の基本構造と具体例」も参照。

（＊30）当該類型につき、松村＝柳＝荏原＝小野賀＝織前掲注（＊8）書78－84頁［松村執筆］を参照。

（＊31）環境省『平成18年版 循環型社会白書』ではつぎのような現状が示されている（2006年12月にアクセス。参照時点でのURLは、http://www.env.go.jp/policy/hakusyo/junkan/h18/html/jh0601020200.html#3_3_2_3）。いわく、「平成12年4月施行の地方分権一括法によって、課税自主権を尊重する観点から法定外目的税の制度が創設されたことなどを受け、廃棄物に関する税の導入を検討する動きが各地で見られます。環境省の調査によると、平成17年11月現在、47都道府県中24府県（三重、鳥取、岡山、広島、青森、岩手、秋田、福島、愛知、滋賀、新潟、奈良、山口、宮城、京都、島根、福岡、佐賀、長崎、大分、鹿児島、宮崎、熊本、沖縄）及び保健所設置57市中1市（北九州）において、産業廃棄物に係る法定外目的税の条例が制定されています。また、北海道と山形県で条例案の作成を行い、導入を目指しています」。

（＊32）当該手法については、環境法政策学会編『環境政策における参加と情報的手法』（商事法務・2003年）に詳しい。また、田中謙「環境政策における情報手法の意義と課題」占部裕典＝北村喜宣＝交告尚史編『解釈法学と政策法学』（勁草書房・2005年）第5章、日独対照による学術論文として、勢一智子「環境情報の行政法的機能について－ドイツ環境法における情報のコントロール機能－」川上古稀記念『情報社会の公法学』（信山社・2002年）を参照。さらに浅野前掲注（＊27）論文および松村＝柳＝荏原＝小野賀＝織前掲注（＊8）書85－93頁［松村執筆］も参照。

（＊33）その意義につき、さしあたって、藤原靜雄「環境情報の公開とリスク・コミュニケーション」森島昭夫＝大塚直＝北村喜宣『環境問題の行方』ジュリスト増刊・新世紀の展望（有斐閣・1999年）所収を参照。またここでは、田村悦一「環境・開発行政と情報の公開」（1994年）田村悦一『住民参加の法的課題』（有斐閣・2006年）所収および、黒川前掲注（＊29）書の「第4章 リスクコミュニケーションと環境情報開示制度」も参照。

（＊34）さらに早期段階での「計画アセスメント」や「戦略的アセスメント」の必要性も説かれている。環境影響評価（アセスメント）については、さしあたって以下の文献を参照。明治学院大学立法研究会・行政手続法研究会編『環境アセスメント法－合理的意思決定の法システム－』（信山社・1997年）、環境庁環境アセスメント研究会監修『環境アセスメント関係法令集』（中央法規出版・1998年）、環境法政策学会編『新しい環境アセスメント法』（商事法務・1998年）、浅野直人『環境影響評価の制度と法－環境管理システムの構築のために－』（信山社・1998年）、B. サドラー＝R. フェルヒーム著／原科幸彦監訳／国際影響評価学会日本支部訳『戦略的環境アセスメント－政策・計画の環境アセスの現状と課題－』（ぎょうせい・1998年）、畠山武道＝井口博編『環境影響評価法実務－環境アセスメントの総合的研究－』（信山社・2000年）、環境影響評価制度研究会編『環境アセスメントの最新知識』（ぎょうせい・2006年）。なお、2002年改正地方自治法施行前の住民訴訟であり、かついわゆる閣議アセス等に基づく手続が問題になった事案ではあるが、ここで環境影響評価に関する注目すべき司法判断に福岡地判1998年3月31日がある。本件評釈として参照、井上禎男「博多湾人工島埋立事業公金支出差止訴訟・損害賠償請求訴訟」名古屋市立大学人文社会学部研究紀要第16号（2004年3月）所収。

（＊35）総務省HP（http://www.env.go.jp/policy/kihon_keikaku/introduction01.html：2006年12月にアクセス）で「環境基本計画」一般について、また最新の「第三次環境基本計画」の詳細については、同じく総務省HP（http://www.env.go.jp/policy/kihon_keikaku/thirdplan01.html：2006年12月にアクセス）で参照。

（＊36）各部局の詳細については、環境省HPから知ることができる（2006年12月にアクセス。参照時点でのURLは、http://www.env.go.jp/annai/soshiki/bukyoku.html）。

64頁

（＊37）2000年時点でのものであるが、役所内での意思決定あるいは政策形成過程にふれる興味深い論考として、森本英香ほか「環境庁の政策形成過程」城山英明＝細野助博編『続・中央省庁の政策形成過程―その持続と変容―』（中央大学出版部・2002年）所収がある。

（＊38）引用、中里前掲注（＊29）論文55頁。

65頁

（＊39）詳しくは、浅野前掲注（＊27）論文145－147頁を参照。

（＊40）さしあたって、松村＝柳＝荏原＝小野賀＝織前掲注（＊8）書76頁［荏原執筆］、浅野前掲注（＊27）論文144－145頁を参照。

（＊41）引用、浅野前掲注（＊27）論文147頁。浅野教授は、つづけてつぎのように述べる。「したがって、規制対象とすべき環境負荷行為と結果との因果関係が明らかでない分野に、予防的・先行的に［枠組規制手法を］導入するには適しているが、直接的規制との組み合わせ、自主的取組との組み合わせが望ましいともされている」。

（＊42）引用、阿部泰隆「環境立法における法律学の寄与可能性」阿部泰隆＝水野武夫編『環境法学の生成と未来』（信山社・1999年）25－26頁。

66頁

（＊43）引用、山村恒年「新公共管理と環境法の課題」山村恒年編『新公共管理システムと行政法―新たな行政過程法の議論深化を目指して―』（信山社・2004年）118頁。

67頁

（＊44）さしあたって、テレビメディアにおけるリテラシー問題についての最近の平易な入門書として、ここでは東京大学情報学環メルプロジェクト＝日本民間放送連盟編『メディアリテラシーの道具箱―テレビを見る・つくる・読む―』（東京大学出版会・2005年）を参照。

（＊45）ここで行政が用いるツールへのアクセスをめぐる実質的な不平等や格差への対処の必要性、ITもってコミットできない者への従来的なシステムの維持・有用性、ひいては行政情報化における「利便性」理解については、井上禎男「『電子自治体』の構築と個人情報の法的保護」『名古屋市立大学人文社会学部研究紀要』第15号（2003年11月）所収でふれた。またここでは、名古屋市における問題につき、井上禎男「名古屋市における『電子市役所』の実現と個人情報の保護」『行政＆ADP』第464号（2003年10月）所収がある。なお、行政情報化と行政手続にかかる多様な問題の検討成果として、宇賀克也『行政手続と行政情報化』（有斐閣・2006年）を参照。

（＊46）意見の募集期間の短さ等といった問題も指摘されてはいるが、パブリック・コメント制度自体の積極的な活用には、今後一定の期待を寄せることができるだろう。国レヴェルでは、2005年改正の「行政手続法」によって、新たに同法に「第6章」として「意見公募手続等」（第38条～第45条）が盛り込まれることになった。詳しくは、宇賀克也『改正行政手続法とパブリック・コメント』（第一法規・2006年）、IAM（行政管理研究センター）編『Q＆Aパブリック・コメント法制』（ぎょうせい・2005年）を参照。さらにここでは、常岡孝好『パブリック・コメントと参加権』（弘文堂・2006年）も参照。なお、環境省のパブリック・コメントは、http://www.env.go.jp/info/iken.html でアクセス可能である（2006年12月時点）。

（＊47）こうした「環境政策」をめぐる「市民参加」の可能性、その実践例にふれるものとして、さしあたり以下の文献を参照。田村悦一「環境・開発行政と住民参加」（1993年）田村前掲注（＊33）書所収、カナダ環境アセスメント庁編／中島重雄監修・中山比佐雄監修協力／住民参加研究グループ訳『住民参加マニュアル―住民参加プログラムの計画と実施―』（石風社・1998年）、高橋秀行『市民主体の環境政策 上・下』（公人社・2000年）。

第6章 環境問題解決への経済学的アプローチ

向井 清史

1. 経済学的アプローチの基本的フレームワーク

われわれの経済活動は便益（物理的、心理的効用）を求めておこなわれる。生産だけでなく、消費活動も経済活動であるが、経済学は、自給ではなく金銭の授受（＝交換）を媒介として効用を得ようとする行動を研究の対象にする。

しかし、経済活動には環境への反作用がともなう。自動車を購入することによって、われわれは時間を節約したり、快適さといった便益を享受する。しかし、排気ガスや製造過程で発生する廃棄物など環境への負荷も同時に発生する。環境への負荷が小さいあいだは自然によって浄化される。ある水準を超えると、負荷は生態系に影響を及ぼすようになり、さらにはわれわれの健康や生活に悪影響を及ぼすようになる。このような段階にいたった環境負荷をわれわれは汚染と呼ぶ。

重要な点は、汚染は便益の副産物であり、両者はコインの裏表の関係にあることを理解することである。換言すると、汚染（負の便益）ゼロを目指すことは便益をなにがしか放棄することでもある。文明の恩恵に浴し、快適な生活を享受している現代人がその便益の一部を放棄し、原始的生活に戻るべきであると考えることは、あまりにも空想的に過ぎよう。汚染がただちに人命に繋がる場合や汚染が特定の地域に集中するといった極端な場合をのぞけば、われわれに必要なことは、便益と汚染（社会へのマイナス作用）のバランスをとることである。環境問題に対する経済学の基本的スタンスは、便益と比較考量して「最適な汚染水準」を決めることにほかならない。

以上のように、経済活動に汚染がともなうことを経済学的にどう考えればよいかを最初に理論化したのはピグーという人である(＊1)。かれは、市場を介することなく第三者に及ぶ負の便益を外部費用という概念で理解しようとした。

ここで市場を介さないとは、金銭による費用負担がなされないという意味である。経済学では、市場という場合バザールのような具体的市場（イチバ）を指しているわけではない。財やサービスを交換する行為そのものを意味するものと考えてほしい。市場取引では、便益の対価として必ず金銭支払いが求められる。自動車を無料で販売している人などいない。金銭授受が重要なのは、価格を交換される財やサービスの社会的評価の指標と見なすことができるからである。

つぎに第三者とは、当該便益の直接的享受とは無関係な人びとという意味である。交通量の多い道路に設置された歩道を歩いている人たちを考えよう。かれらは、自動車利用の便益を享受しているわけではない。逆に、排気ガスや騒音という負の便益（公害）を押しつけられている存在にほかならない。しかも、かれらに対してそれら負の便益に対する補償（負の便益の対価としての救済費用）も与えられていない。

ここで2つの立場を整理しよう。ひとつは、市場のルール通り、対価を支払い（費用を負担し）便益を享受している人である。いまひとつは、対価も支払われず、被害を押しつけられている人たちの存在である。ピグーはこれらの人たちに対する被害相当額のことを外部費用と呼んだのである。

自動車を運転している人は、その便益を享受するために購入費用を負担した。しかしかれが負担したのは単なる私的費用に過ぎない。社会的に見るならば、実はその便益には自動車公害という被害に相当する更なる費用（外部費用）がかかっているのである。われわれは、私的費用と社会的費用を明確に区

(＊1) A.C. ピグー、*The Economics of Welfare*, 1920：『厚生経済学』東洋経済新報社、1953-55年。

別する必要がある。自動車の便益と真に比較衡量されるべきは、社会的費用である。そして、社会的費用とは私的費用に外部費用を加えて求められるものにほかならない。

　ついでに、環境経済学と資源経済学の関係について述べておく。環境経済学の教科書のなかには資源経済学を扱っているものもある。しかし、両者は厳密には異なった学問である。前者は、経済活動の結果環境中に放出される廃棄物をどのようにコントロールすべきかを考えることを任務とする。それに対して、資源経済学はわれわれの身の回りの環境中に存在する資源をどのように経済活動に取り込むべきか（利用すべきか）を考えることに焦点を当てている。経済活動を基準に考えると、両者の問題関心ベクトルは正反対である。しかし、ともにわれわれを取り巻く環境の状態を学問対象としている点では同じである。森林破壊のように、資源を誤って利用することは資源の荒廃を招き、われわれの環境を破壊することに繋がるからである。対象に焦点を当てれば両者を同類の学問として扱うことも誤りではない。

　ここでは、汚染のコントロールという問題にかぎって議論をする。しかし、環境や資源の問題を経済的に考える場合、個々の経済活動がそれ自身で完結しているものではなく、空間や時間を介して、第三者や将来世代に何らかの影響を与えずにはいないという構造を理解することがまず第一歩であるという点においてかわりはない。

2．市場の機能とその前提

　今日、世界の経済システムは一部の例外国をのぞいて市場を活用したものとなっている。市場メカニズムの優れている点は、需要と供給を一同に会合させることで、過不足を生じさせず、かつ買い手と売り手の満足が最大限に保障される価格を労せずして発見できることにある。ただし、実はこう断定するためにはいくつかの仮定を前提とせざるを得ない。

　まず市場のメカニズムをモデル化して上記の点を確認しておこう。われわれの目的は最適な汚染水準を実現することであった。したがって、市場経済における最適とはどのような状態を言っているのか(＊2)がまず明らかにされていなければならないからである。

　市場メカニズムについて議論する際、生産、消費ともに公理としている考え方があるのでこの点からはじめよう。まず生産についてであるが、事例としてパンの生産をとりあげよう。Ａさんは、パン釜を購入してパンの生産をはじめたと想定しよう。1個しか生産しないとすれば、パン釜の使用が非効率的であり、パンの値段を高くしないとその費用を回収することは出来ない。2個、3個と生産を増やすにつれて効率は高まり、1個当たりに要した生産費は安くなっていくはずである。しかし、生産を増やしさえすれば無限に1個当たり生産費が安くなっていくかというとそうではない。パン釜にかかる負荷が能力以上に大きくなりすぎると、故障が増えたりしてかえって生産費は高くつくようになるからである。この状況から、追加的に生産が1個増える度の費用の変化（以下、限界費用と言う）のみを取り出すと、生産量が増えるにつれ徐々に低下していくが、ある点を超えると今度は逆に増えていくという関係の存在を確認できる。

　経済合理的生産者を前提とすれば、価格（新たに1個追加的に販売することで得られる追加的収入）が限界費用を上回っているかぎり生産を増やした方が得なので、多く生産するほどより安く生産できる範

(＊2) 社会的な意味での最適とはどのよう状態を言うのか。これは必ずしも自明ではない

囲に生産量があるうちは生産を縮小することはあり得ない。Aさんが生産量を決定しなければならない場面は、限界費用が増加しはじめる局面を超えた生産領域にあると考えてよいであろう。つまり、Aさんがどれだけパンを生産するかは、生産量を増やすほど限界費用が高まるという関係のなかで決定されている。換言すれば、価格が高いほど価格が限界費用を上回る余地が大きくなるので、それだけAさんは生産量を増やすと考えてよい（生産量は価格の増加関数になる。）。

他方、パンの消費についてはどうか。Bさんは腹ぺこ状態にあるとしよう。最初に食べる1個が与える満足は大きいであろう。満足が大きいとは、それだけ高い価格を支払うに値するということである。しかし、食べる量を2個、3個と増やしていくにつれて、その満足度は低下していくであろう。人間の胃袋には限界があり、満腹中枢が働くからである。ここでも、追加的に1個の消費を増やしていく度の満足の変化に着目すると、その満足、したがって支払うに値するべき価格（以下支払い意思額）（*3）は消費量が増えるにともなって小さくなっていくと考えられる（消費量は支払い意思額の減少関数になる。）。

ここで重要なことは、経済的な意思決定の基準となっているのが追加的な1単位ごとの費用や満足度だという点である。総量としての生産費や効用は意思決定には関与しない。けだし、総量はもう1単位生産や消費を増やすべきかどうかという判断の結果の集積に過ぎないからである。以上の関係をグラフに表したのが図1である。縦軸に、限界費用、支払い意思額をとり、横軸に生産量と消費量をとり、それぞれの関係をひとつの図で表現している（直線で描いているのは簡素化のため）。もちろん、生産効率や消費から感じる満足度は個々の生産者、消費者によって異なるであろうが、縦軸、横軸の関係が右下がりの傾きになるか、右上がりの傾きになるかに関しては、すべての人について同じ（公理）なので、横軸にそって社会を構成する人の分をすべてを合算すれば、社会全体の需要量と生産量の関係が得られるはずである。

さて、図からわかるとおり2つの曲線の傾きが逆なので、両者は1点で交わり、その点に対応する価格、量において生産と需要が一致し（過不足がない）、買い手と売り手の満足、言い換えると社会全体の満足も最大化される。なお、生産が限界費用と価格が等しいところでおこなわれ、消費が支払い意思額と価格が等しいところでおこなわれるので、縦軸を価格と表現しても同じことである。ただ、限界費用や支払い意思額が私的な評価であるのに対して、価格はそうした評価の社会化された形態という違いがある。

ここで、満足度がどのように測られているかというと、生産者については価格と限界費用の差（価格－限界費用）であり、消費者については価格と支払い意思額との差（価格－支払い意思額）で測られる。けだし、生産者については差額は利益そのものであり、消費者については評価額（支払い意思額）より安い価格で消費できれば潜在的に利得を得ていることになるからである。

つまり、供給曲線と破線で囲まれた面積が、生産者が全体で得る利益であり、需要曲線と破線で囲まれた面積が消費者全体の利益である。この面積が、2つの曲線が交わるところまで生産、消費がおこなわれたとき最大になることは図から容易に読みとれよう。生産＝消費量がこれより少ないとき、両者は追加される便益が追加される費用より大きいにもかかわらず、それを手に入れる機会を逸していることになり、これを上回るときには、曲線と価格の関係が逆転し、追加される便益より追加される費用の方が大き

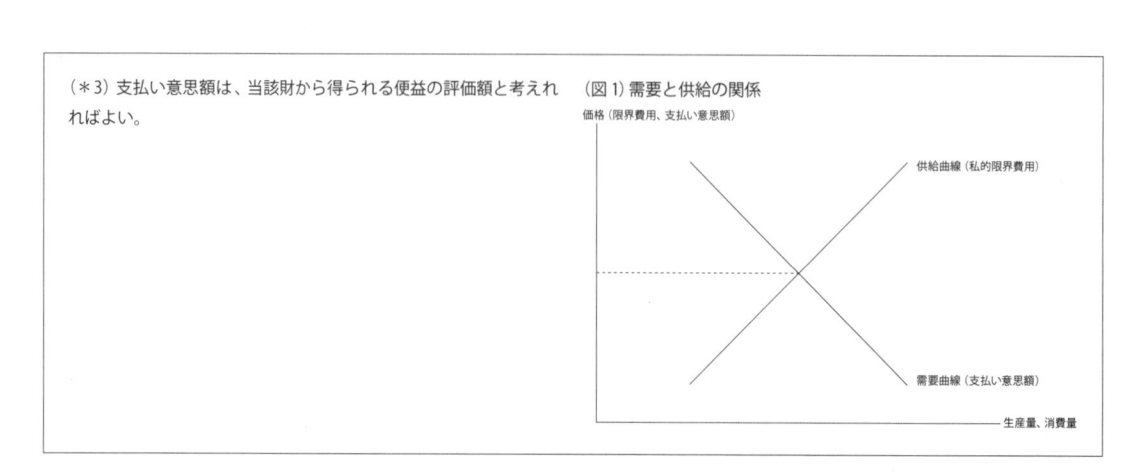

（*3）支払い意思額は、当該財から得られる便益の評価額と考えればよい。

（図1）需要と供給の関係

価格（限界費用、支払い意思額）

供給曲線（私的限界費用）

需要曲線（支払い意思額）

生産量、消費量

くなってしまうことになるからである。要するに、生産＝消費となる点において両者の満足が最大化されるのである。

市場メカニズムの下では、強制力が働かなくても生産者は利益があるかぎり生産するであろうし、消費者は潜在的利得があるかぎり消費をするであろうから、生産と消費が一致する生産量が労せずして発見され、かつそれが生産者、消費者の便益を最大化させるという意味で社会的に最適な生産量（＝効率的）となっている。ここから、市場で決定される生産量を人為的に規制したりすることは社会の効率性を歪めるという考え方が必然的に出てくるし、最適状態を実現するのに市場の力を活用すべきであるという考え方が出てくる。環境政策としての経済的手法の背景には、この理念が存在していることを確認しておくことが重要である。

このように市場の機能は素晴らしいが、以上のような解釈が成立するにはいくつかの仮定が満たされていなければならない。ここでは2つの点だけ確認しておこう。ひとつは、消費者が正確に財の価値を評価できる（完全情報）という仮定である。購入しようとする商品が自分にどの程度の満足を与えてくれるかを、消費者はあらかじめ正確に評価できると考えているということである。しかし、買ってみて失望したという経験は誰にでもあるだろう。したがってここでは、仮定が満たされているかどうかについてはあやふやではあっても、消費者の判断が尊重されているという点で評価されるという風に理解しておくことで留めておこう（＊4）。

第2は、外部性が存在しないという仮定である。外部性という概念は、先に見た外部費用という概念をもっと普遍化したものである。われわれは、供給曲線を決定する限界費用を論じたとき、Aさんが負担する費用だけを考慮してきた。パン焼きは公害をおこすことはないと考えていたからである。しかし、生産物がプラスティック原料となるナフサのような物の場合はどうだろう。防止対策がとられなければ大気汚染が発生し、それが引き起こす疾病に対する医療費が必要となろう。通常のケースでは医療費は患者が支払い、生産者が負担することはない。だとするならばナフサの生産にかかった社会全体の費用を生産者が支出した経費だけで評価するのはおかしいということになる。ここに、社会的外部費用という概念が必要になることがわかる。ナフサの真の生産費用は、生産者が負担した私的費用に社会的外部費用を加算して計算されなければならない。

3．市場の失敗および所有権

市場が社会的最適を実現するという命題は、実は極めて強い仮定の上に成り立っていることが判明した。言い換えると、上で述べたような仮定が成立しないとき、命題は成立しない。市場が理念として持っていると期待されている機能を発揮できない状態を「市場の失敗」という。かくて、市場の失敗を補正する手段が必要となる。つまり、政府の介入＝経済政策が必要になるということである。ただし、この場合の介入は市場の機能を抑制するためのそれではなく、本来的機能の発揮基盤を整えるためのものであることを認識しておくことが重要である。

ここでもうひとつの問題を確認しておこう。それには何故大気汚染が発生するのかを根本にまでさかの

（＊4）現代消費社会において消費者の選択は本当に自律的なのだろうか。コマーシャルの影響によって自律性は形骸化していないのだろうか

ぼって考えることが必要である。ナフサ生産が煤煙によって洗濯物を汚すとすれば、当然、賠償請求がおこり、生産者は賠償費を生産費に算入せざるを得なくなるだろう。大気汚染の場合の違いとは何だろうか。それは、洗濯物には所有者がおり、大気には所有者がいないという点である。つまり、市場メカニズムの発揮と私的所有権は一体不可分のものなのである。

　環境問題を複雑にしているのは環境に対する所有をどう考えてよいかが単純には決められないことである（この点については第7章参照）。もっとも単純に理解できる大気を例に考えよう。大気とはそもそも所有できるものであるのか、所有に委ねるべきものであるのか。前者について言えば、否である。所有権の実体は所有物を排他的に利用できるということにあるが、他人が大気を利用することを排除する手段がない。それでは後者の点についてはどうか。これについても否であろう。ある人の大気利用によってほかの人の大気利用機会が損なわれるわけではない。言い換えると、利用において互いに競合する関係が存在しない。利用上の競合がないのであれば、排他的関係へと転化させることに何の意味もない。

　以上のような、その利用において他人を排除することができず（非排除性）、他人と競合することもない（非競合性）財やサービスを私的財と区別して公共財と呼ぶが、多くの場合環境は公共財的性質を持ち、本来的に市場メカニズムに馴染みにくいのである。大気などの場合には、そもそも市場が存在していない。この点にも政府が介入すべき根拠があるが、とくにフリーライダー（ただ乗り）的行動が目に余るものとなってきた時、それがより積極的に支持されることになろう。フリーライダーとは対価を負担しなくても利用から排除されることがない関係を悪用して、第三者への影響を顧みることなく自己利益の追求のみに走る人を指す。ただ乗りと言われるゆえんは、自分が原因となっている公害などの社会への負荷に対して経済的負担をしようとしないからである。

4．環境対策に経済学を活用するには

　市場システムにはさまざまな利点はあるが、残念ながら環境問題を未然に防ぐメカニズムが組み込まれていない。そこで、市場のメリットを壊さず環境問題に適切に対処するには、人びとが意思決定する際に環境への影響を考慮せざるを得ない状況を人為的つまり政策的に作ればよいということになる。換言すると、表1（85頁）に示したように、汚染排出に応じた費用負担をさせ、さらに市場のないところには市場を創出して費用負担する機会を与えればよいということである。

　　外部費用を考慮させる手段として、まず生産量、あるいは汚染排出量に応じて外部費用分を課徴金＝税金として徴収する方法が考えられる。生産量に応じて賦課するか、汚染排出量に応じて賦課するかによって、期待される効果が発現するメカニズムに本質的差異はない。

　ただ、生産量に賦課するよりも汚染排出量に賦課する方が一般的に適用範囲が広いと考えられる。けだし、汚染発生を削減するのに生産量削減が絶対的条件というわけではないからである。生産工程の改良や汚染除去装置の開発によって生産量を落とすことなく汚染を減らせる可能性がある。生産を減らす必要がなければ、その利用による便益を減らす必要もないので社会的にはその方が望ましい。わが国の自動車産業に環境税が賦課されているわけではないが、低燃費化が年々進んでいることを見れば、この

可能性を理解することはたやすいであろう。

つぎにデポジット制度とは、生産や消費に際して予め（たとえば販売時に）予想される外部費用相当額を預託させておき、もし外部費用を発生させなかった場合には返還するという方法である。

しかし、この方法は汚染が固形物のような場合にしか使えない。アルミ缶をイメージすると理解しやすいだろう。アルミ缶を放置（＝汚染）せず小売店に返還すれば予め支払った預託金を返還してくれるようにしておけば、人びとは放置せず、おのずと返還する方を選択するであろう。しかし、大気汚染のように拡散していくものの場合には、汚染物質のみを集めることはできないのでこの仕組みが機能する基盤がない。また、アルミ缶はリサイクル可能であるから返還を受けた小売店は再生工場に運べばよい。リサイクル手段が確立されていない物については、折角集めたとしても結局廃棄物として処理せざるを得ないので、こうした仕組みを作る意味がない。

排出権許可証取引制度は、あらかじめ政府なりがある汚染物質についての社会的に許容される総排出量を決めておき、排出に際しては、この許容量に対応した許可証を購入（外部費用分）する必要があるようにしておく制度である。

つまり、汚染排出量を売買する市場を人為的に創り出すのである。これによって許可証を購入しないかぎり排出ができなくなるので、総汚染排出量を許容量以内に確実にコントロールできる。ただし総許容排出量をどのように決めるかという問題が残っている。また、後に見るように汚染を排出する生産者間で許可証の売買ができるようにしておくことがこの制度のミソなのであるが、購入希望者が多数いて、かれらの排出予定量の合計が総許可排出量を上回ってしまう場合に、制度発足時に希望者に対して不満なく許可証を配分する論理が存在しないという問題もある(＊5)。

5．経済的手法の合理性の根拠

それでは、以上見たような経済的な手法はどのような意味で合理的と言えるのだろうか。図2を使って考えてみよう。この図の私的限界費用と限界便益は図1の供給曲線、需要曲線と同じものである。しかし、外部費用が発生している場合、真の意味での限界費用は私的限界費用に限界外部費用を加えた社会的限界費用である。したがって、図1で確認した論理にしたがえば、社会全体の最適な生産量は私的限界費用だけが考慮された場合のQ点ではなく、Qe点である(＊6)。それでは、社会的に最適な生産量Qeに誘導するにはどうすればよいのだろうか。生産1単位当たり、ちょうど生産量がQeの時の限界外部費用abに等しい課徴金を賦課すれば、生産者にとっての私的生産費は上方に課徴金分だけシフトする（図の破線）はずである。課徴金によってその分だけ私的生産費を高めてやれば(＊7)、強制しなくても合理的に行動する生産者はQeで生産を止めるはずである。以上の関係は横軸を汚染排出量として考えてもまったく同様に成立する。つまり、課徴金を利用することで、強制力を用いずに社会全体の満足を最大化させることができる。

ただし実際の活用ということになると、課徴金の水準を正しく設定できるのかという問題が大きく立ちはだかっている。正しく設定するためには、政府は各生産者の汚染排出の実態および汚染の外部費用を

(＊5) 詳しくは、第7章参照。
(＊6) 限界外部費用曲線が右上がりになっているのは、生産量が増えるにつれて、追加生産量当たりの公害がより厳しくなると想定しているからである。ちなみに、限界外部費用曲線自体は図中には明示的に描かれていない。社会的限界費用曲線－私的限界費用曲線の軌跡がそれである。
(＊7) こうした目的のための課徴金をピグー税と呼ぶ。

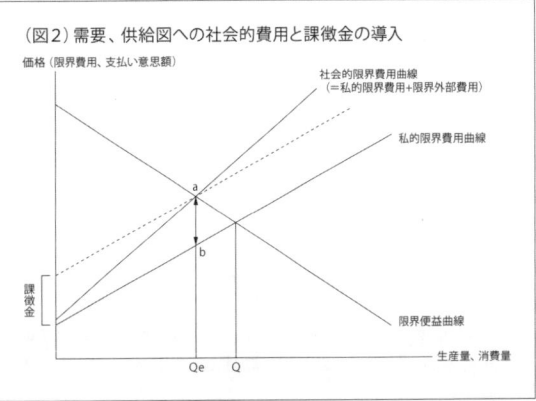

（図2）需要、供給図への社会的費用と課徴金の導入

正確に把握していることが前提となるからである。これはおよそ非現実的な想定である。そこで、現実的な選択として外部費用は正確にわからなくても、とりあえず利用し得る科学的知見を動員して目標とすべき汚染削減水準を決定し、この水準を達成できるように税率を設定しようという考え方が提起されている(*8)。排出権許可証取引制度もこうした考え方の延長線上にある。

しかし、これでは社会的満足を最大化するという経済的手法の正当性が必ずしも保証されないことになりはしないのだろうか。たしかにこの点についてはそうである。だが、経済的手法にはもうひとつのメリットがある(*9)。それは、ある決められた汚染量の削減を最も安上がりに実現できるという点である。最後にこの点を排出課徴金を例にとって説明しよう。

いま、それぞれ汚染を10単位排出しているA、Bという2人の生産者がいるとしよう。そして、汚染削減のためにかかる限界汚染削減費用が、

　　Aの場合、限界汚染削減費用A＝2.5×汚染削減量A ・・・・①
　　Bの場合、限界汚染削減費用B＝0.625×汚染削減量B ・・・②

という簡単な1次式の関係で表現できるとしよう(*10)。限界汚染削減費用とは、追加的1単位の汚染削減にかかる費用であり、何らかの削減装置を取りつけるとすればその費用、生産量を減らすとすればそれよって失なわれる逸失便益、両方の方法を併用するとすればその両者の合計から構成される。

添え字はそれぞれ生産者を表している。ここでも、右上がりの関係が想定されているのは汚染削減量を増やしていくほど、追加的1単位の削減費が逓増していく、また、逸失便益も削減が大きくなるほど希少性が高まるので大きくなると仮定しているからである(*11)。言い換えると、先に述べた公理がここでも存在すると考えていることになる。また、追加的な1単位の変化がもたらす限界費用こそが意思決定にとって重要であるということも、これまで見てきたとおりである。

そして、ここで注意しておいてほしいのは、AとBでは汚染削減に必要な費用が異なっているという想定である。競争関係にある生産者同士が同じ技術を用いている、裏返すと汚染削減費用もまったく同じと考えることは非現実的であるし、排出している汚染物質は同じであっても生産している財の種類が異なる2つの生産者を想定していると解釈してもらってもよい。

さて、政府は10単位の汚染を削減する目標を立てたとしよう。両者に対して、等しく5単位ずつ削減量を割り当てたとき(*12)の総削減費用はいくらになるであろうか。総費用は限界費用を積分することで求められる（総費用は、追加的1単位にともなう変化分をすべてて合算すれば求めることができる）から

　　Aの総汚染削減費用＝1.25×汚染削減量A^2 ・・・・・③
　　Bの総汚染削減費用＝0.3125×汚染削減量B^2 ・・・・・④

という関係が導出される。この式の汚染削減量の所にそれぞれ5を代入するとAの総削減費用として

(*8) このようにして設定された課徴金をボーモル・オーツ税と呼ぶ。

(*9) 正確にはもうひとつメリットがある。それは、汚染削減のための技術革新を誘発するメカニズムが内包されている点である。以下確認するように、経済的手法ではより安い費用で汚染削減ができる生産者ほどより有利になる。それに対して、規制値を課して削減させる場合は、規制値以上に削減しようとする動機付けが機能しない。

(*10) 数値例は、スコット.J.カラン、ジャネット.M.トーマス『環境管理の原理と政策』(農山漁村文化協会、1999年)による。

(*11) 本によっては、限界汚染削減費用曲線を削減量ではなく、排出量の関数として描いてある場合も多い。削減量と排出量は裏返しの関係にあるので、この場合は費用曲線が右下がりに描かれることになる。混同しないように注意されたい。

(*12) これは、排出量を5単位までと規制することを意味する。

31.25、Bの総削減費用として7.81が得られ、社会全体としては両者を合算して39.06となることがわかる。

それでは、これより安く汚染を10単位減らす方法はないのであろうか。両者に等しく削減量を割り当てるのではなく、汚染1単位に対して5の課徴金を税金として賦課することを考えよう。そうすれば、AもBも汚染削減費用が5以上かかるようになるところまで汚染を削減しようとは思わないであろう。5よりやすく汚染を削減できるのであれば、汚染削減費用を支出して課税を免れる方が得であるが、5以上かかるなら税負担をした方が得だからである。言い換えると、両者とも限界汚染削減費用が税水準と等しくなる点まで削減努力をするという同じ行動を採るので、限界汚染削減費用A＝限界汚染削減費用B＝税率となっているはずである。つまり①②より

　　　$2.5 \times$ 汚染削減量A $= 0.625 \times$ 汚染削減量B ・・・・・・⑤

また、政策目標は両者合わせて10単位汚染を削減することであるから

　　　汚染削減量A＋汚染削減量B＝10・・・・・・⑥

⑤⑥の連立方程式から、汚染削減量A＝2、汚染削減量B＝8という解が得られる。2生産者が合理的な決定をおこなった結果、生産者Aは2単位の削減をおこない、8単位分の税金40を払って汚染を排出し続けるはずである。他方、生産者Bは8単位の削減を実施し、2単位分の税金10を払うはずである。この時、両者の総汚染削減費用は連立方程式の解をそれぞれ③④式に代入することで得られ、それらを合計した社会全体の費用は25となっていることがわかる。等しく削減量を割り当てる場合にくらべて社会全体の費用が大きく節減されていることがわかるであろう(*13)。

目標となる総削減量が変われば両者の削減量も変わってくるが、一定量の削減を最も安い費用で実現できるということに変わりはない。社会的便益の最大化という目的は達せられなくても、経済的手法には、強制力をともなうことなく社会的目的を最小費用で実現するという、いまひとつの優れた特性があるのである。

この理由を理解するのは簡単である。合理的選択の結果、必然的に、汚染削減に費用がかからない（効率的に削減できる）生産者がより多くの削減を負担することになるからである。結局、費用最小化はすべての汚染排出者の限界汚染削減費用が等しくなるように削減させることによって実現される。費用最小化を保証するこのような条件は、限界費用均等化原則（equi‐marginal principle）と呼ばれる。

▎6．より一層の効率性追求

課徴金制度は、社会的費用を最小化する優れた制度であることを見てきた。しかし、予め設定した税率がうまく目標削減量を削減できるかは事前に確定できない。たとえば、税率を4に設定すれば、前の例では①②式よりAの削減量は1.6、Bのそれは6.4となり、10の削減に届かなくなる。政府は、事前にA、Bの限界汚染削減関数を知ることは通常ほぼ不可能に近いであろうから、結局、目標削減量を

（＊13）税金分は生産者にとってマイナスであるが、政府の収入としてはプラスとなるので、社会全体としては相殺される。

実現できる税率を試行錯誤的に求めていかなければならないことになる。税率を動かすには、多くのエネルギーを必要とすることは国会における税の議論を見ても容易に想像できよう。それならば、予め許容し得る総排出量を汚染排出許可証というかたちで割り当て（初期配分）ておいて、その許可証の売買を認め（許可証の市場を創出して自由に取引させ）る方法に転換した方が政府の関与が大幅に軽減される分だけ効率的になるはずである。この点に着眼しているのが排出権許可証取引制度である。

今、政府は10単位までの汚染を許容し、A、Bそれぞれに5単位の排出許可証を割り当てたとする。AもBも許可証以上の排出はできないので5単位に排出を抑制しなくてはならない。逆に言うと、それ以上に排出するなら許可証を購入する以外にない。先に見たように、5単位目の限界汚染削減費用にはそれぞれに12.5と3.125というように差異があった。とするならば限界汚染削減費用A＞排出許可証価格＞限界汚染削減費用Bであるかぎり、Aには排出を削減するより排出許可証を購入する誘因が働き、Bにはより積極的に削減を進め、排出許可証を売却する誘因が働くであろう。

たとえば、1単位の排出権が10で売買されるとすると、Aはそれを購入することで、排出費用を1.25節約（5単位削減した場合の総削減費用－4単位削減したときの総削減費用－10）でき、Bは6.56利益（5単位削減したときの総削減費用－6単位削減したときの総削減費用＋10）を得る。売買の誘因は限界汚染削減費用A＝排出許可証価格＝限界汚染削減費用Bとなるまで存在する。今のケースで言うと、Bが排出許可証を3単位売却したときがそれである。この時、Aの削減量が2単位、Bの削減量が8単位となり、先に確認したとおり両者の限界削減費用がともに5で等しくなるからである。

このように、権利の売買を許すことによって課徴金制度を用いなくても社会的目的を最小費用で実現することができる。今日、排出権許可証取引制度が最も優れた制度であると見なされているのは以上の理由による。ただし、後に第7章で検討するように、排出権取引制度にも固有の欠点があり、完璧な制度とは到底言えない。

結局、環境問題を市場の力を利用して解決しようとする手法も、理論的にはかなり洗練されてきているが、こと実際の活用となるとさまざまな問題を抱えているということである。ざまざまな国での試行錯誤のなかから、人間の英知を積み上げていくことが我々の課題として残されているのである(＊14)。

(＊14) 本稿では簡単化のために限界汚染削減関数を既知のものとして議論し、表1に掲げた手法はすべて同じ結果をもたらすものとして説明した。しかし、限界汚染削減関数が正確にわからない場合には、排出許可証取引制度とその他の手法を使った場合の間に社会的帰結の差異がある。興味のある人は自分で勉強されたい。

(表1) 経済的手法の種類と問題点

手　段	方法	内　容	問題点
意思決定に私的費用だけでなく外部費用を反映させる仕組みを作る	製品課徴金	製品当たり課徴金を徴収	税額を決めるのに、限界外部費用や限界便益を正確に知る必要がある。 代替品のない需要品の場合に適用が困難 注1)
	排出課徴金	汚染物質単位排出量当たり課徴金を徴収	税額を決めるのに、生産者の限界汚染削減費用を正確に知る必要がある。 生産者の汚染排出を監視するのに費用がかかる。
	デポジット制	汚染が回避された場合に汚染対策として預かっておいた預託金を返還	大気汚染や水質汚濁のような拡散してしまう汚染には使えない。 リサイクルの体系が完備している必要がある。
市場を人為的に作り出す	排出権許可証取引制度	許容される排出総量を決め、それに見合う排出許可証を発行	汚染のホットスポットを悪化させるかもしれない 汚染者が多数の時、許可証の割当が困難

1) この制度では、それによる製品価格の上昇が製品需要を減少させ、結果的に生産量が減少するので汚染も減るというメカニズムが想定されている。しかし、財が必需品であれば、人々は価格にかかわらず購入せざるを得ないので、減産効果は生まれない。排出権許可証取引制度の問題点については、第7章で詳述する。

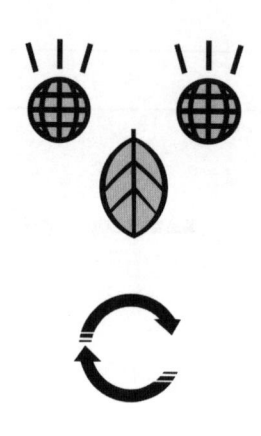

第7章 国際関係の中での環境問題

向井 清史

1. 課題の限定

ここでは、原因と被害が一国民国家の内部で完結せず、両者が国境を越えてつながっているタイプの環境問題をとりあげる。この種の環境問題は、国境を越えるという意味で、あるいはその被害が地球的規模で広がっているという意味で地球環境問題と表現されることも多い。ここであえて地球環境問題という言葉を使わなかった理由は、アプローチする視角に注意を喚起したかったからである。言い換えるとこの問題については様ざまな視角から論じることが可能であるが、ここでは経済学的視点からのアプローチに限定して、しかもほんの入り口の議論が紹介されるにすぎない。

経済学的に見た場合に、国際環境問題は2つに分類されよう。ひとつは、均衡論的アプローチからの理解とも言うべきもので、先に見たように、環境問題は経済活動に付随する外部不経済のコントロールミスと考えることができるとすれば、その延長線上で、国際的環境問題とは外部性を内部化できる権限を有する超国家機関が存在しないことに起因する環境問題と理解することができる。地球温暖化ガスや酸性雨など一国内で考えることがおよそナンセンスな問題群（越境汚染）がその典型である。ただ、地球温暖化問題と酸性雨問題をひとくくりに論じることはやや乱暴である。被害の発生が全地球的か局地的かという違いがあるし、その被害があらわれる時間フレームも異なる。地球温暖化問題がどのような時間的経緯をたどっていくのかについては、誰にも正確に予測できない。

いまひとつは、構造論的とでも言うべき原因から発生している問題である。世界に存在する貧富の差を前提に、貧困圏で発生している一群の環境問題がある。砂漠化(*1)や森林の消失など貧困故に発生している（貧困と環境破壊の悪循環と呼ばれる）問題群がそれである。これらの影響は現在のところ当事国の問題にとどまっているかに見えるが、将来的に地球全体の環境劣化に繋がることは確実である(*2)。

後者のタイプの問題については第3章で言及されているので、ここでは均衡論的アプローチからのみ環境問題を考えることにする。このことは、構造論的理解の重要性が低いと言っているわけではない。貧困の問題は経済学だけでは論じ得ない問題だからである。少なくとも、熱帯資源に対する経済大国の1世紀以上にわたる攻防の歴史学や政治学の知識を動員することなしに理解することは到底できない。それは、半期の学習課題とするには大きく重すぎるテーマである。

以下ではまず、原因と被害の関係が比較的狭い範囲に収まっており、被害発生も即時的な酸性雨のようなタイプの問題についてのモデルを手がかりに考えて行くことにしよう。

2. 酸性雨タイプの国際環境問題のモデル化(*3)

ここでは、それぞれの国が汚染物質を排出し、その影響が自国だけではなく他国にも及ぶという関係にある複数の国が存在する状況をとりあげる。そして、それぞれの国の汚染物質排出（e：排出量）によって得られる私的便益（B：便益とは効用もしくは利益から費用を控除した純効用、純利益のことである）が

$$B^e_i(e_i) = b_{0i} \cdot e_i - b_{1i} \cdot e_i^2 \cdots ①$$

(*1) 但し、貧困だけではなく、グローバルな価格競争を背景に化学肥料や農薬を使って土地が酷使されることに起因する砂漠化もある。

(*2) たとえば途上国における森林伐採は地球温暖化問題と密接に関連している。それは、森林には植物の光合成作用による炭素吸着能力があるからである。

(*3) 以下のモデルについては、Nick Hanley, Jason F. Shogren and Ben White, (2001), *Introduction to Environmental Economics*, OXFORD Univ. Press. を参考にした。ただし、原著に含まれている数式や係数に関する誤植は訂正してある。

式で与えられるものとする。ここで i はそれぞれの国をしめす添え字であり、b_{0i}、b_{1i} は与件として与えられている係数（既知）である。これより、当該国の便益を最大化する排出量（e_i^*）は、式を微分して $e_i^* = b_{0i} / 2b_{1i}$ となることがわかる（以下、上付記号＊は社会的費用が考慮されていないケースに使用する）。

他方、汚染削減の費用（$C^a{}_i$）とは汚染を削減（a）する代償として失われた便益にほかならないから、最大便益とそこからいくばくかの汚染を削減した場合に得られる便益の差額と考えればよい。つまり

$$C^a{}_i(a_i) = B_i(e_i^*) - B_i(e_i^* - a_i) \cdots ②$$

である。ここで、e^* は既知として与えられている係数を使って計算できるので既知数であるから、②式は排出削減量 a_i の関数となっていることに留意されたい。

次ぎに、外部経済である汚染物質排出が発生させる社会的費用（$C^e{}_i$）については、次式で与えられるとしよう。

$$C^e{}_i(e) = c^e{}_i \cdot e^2 = c^e{}_i \cdot (e_1 + e_2)^2 \cdots ③$$

ただし、$c^e{}_i$ は既知の係数であり、$e = e_1 + e_2$、$e^* = e_1^* + e_2^*$ である（以下、国を表示する下付添え字の付されていない記号は、両国の合計数であることを示す）。添え字として1と2しか使っていないということは、ここでは簡単化のために2つの国しか存在しないと想定して話を進めていこうとしていることを意味する。なお、定義により $e_i = e_i^* - a_i$ となるはずだから、$a = e^* - (e_1 + e_2)$ となることは言うまでもない。

ここで、③式の変数が e となっていることは、社会的費用が当該国の汚染排出によってのみではなく、相手国の排出量も含めた総排出量の関数となっていることを意味していることに注意しておこう。つまり、①と③式の違いが、国際環境問題たるゆえんの構造を表しているのである。排出から得られる便益については自国の排出量のみに規定されるのに対して、環境問題をあらわす社会的費用部分については相手国からの排出量も含めた総排出量に規定されざるを得ないという構造である。排出された汚染物質は当該国にとどまるのではなく、他国にまで運ばれ環境問題を引き起こす。そこには、複数の国が互いに加害国となり被害国となる国際環境問題特有の構造が存在するのである。

3. 各国の合理的行動とその成果

以上のような関係が存在するとき、各国はどのような経済行動をとると考えればよいのだろうか。お互いが相手国のことを考慮せず、もっぱら個別的経済合理性に則って行動すると仮定すれば(＊4)、排出から得られる私的便益（①式：排出がもたらすプラス効果）から被害を表す社会的費用（③式：排出がもたらすマイナス効果）を差し引いた純便益が最大になるように行動すると考えるのが妥当であろう。つまり

(＊4) このような前提で求められた解は、ゲームの理論では非協力解という。以下のモデル分析はゲームの理論を基礎にしているが、ゲームの理論の用語は使用しない。簡単な微分法の知識だけで問題とされている議論の構造は十分理解できるはずである。

$$B^e{}_i(e_i) - C^e{}_i(e) = b_{0i} \cdot e_i - b_{1i} \cdot e_i{}^2 - c^e{}_i \cdot (e_1+e_2)^2$$

を最大化するように排出量を決定しようとするはずである。このようにして選択された排出量は、最大値を求める問題であるから上式を排出量について微分した値を0とおくことによって求められる。

　国1（$i=1$）についてはe_1で微分して

$$b_{01} - 2 \cdot b_{11} \cdot e_1 - 2 \cdot c^e{}_1 \cdot (e_1+e_2) = 0$$

同様にして国2（$i=2$）についてはe_2で微分して

$$b_{02} - 2 \cdot b_{12} \cdot e_2 - 2 \cdot c^e{}_2 \cdot (e_1+e_2) = 0$$

国1の最適化式にe_2が含まれ、国2の最適化式にはe_1が含まれるというように、両国とも自国の最適な排出量を決めるのに相手国の排出量を考慮せざるを得ないことがわかる。

　また、この式では当該国は相手国の排出量を見てみずからの排出量を決めることも含意されている。両国の目的が同時に満たされるのは、2つの式を同時に満たすe_1、e_2の排出量の組み合わせが実現されたときである。上の連立方程式を解くことでその組み合わせは得られる。解くために、これまで与件とされてきた係数に実際の値を与えなければならないが、それらを$b_{01}=b_{02}=150$、$b_{11}=b_{12}=0.15$、$c^e{}_1=0.02$、$c^e{}_2=0.05$としよう（$e_i{}^*$は両国ともに500ということになる）。ここで注意しておいてほしいのは$c^e{}_i$については両国で異なる値が与えられている点である。同じ排出量に対する社会的費用は両国で異なっていることを意味しているが、このことの理由については後述する。

　連立方程式の解から、$e_1=409$、$e_2=273$がえられる（なお、両国の$e_i{}^*$がともに500であることがわかっているので、500から排出量を引いたものが最適な削減量となる）。また、この時の両国の便益については、上の純便益の定義式に解として得られた排出量を代入して、国1については26,957、国2については6,515、合わせて33,472となることがわかる。

　それではこれは最適な状態と言えるであろうか。次ぎに両国がお互いの排出量が等しくなるように協力した場合の状態を検討しよう。再び、両国とも経済合理的に行動することを仮定すれば便益から費用を控除した純便益が最大化されるように排出すると考えるという点では非協力の場合と同様であるが、協力の場合は便益、費用ともに2国の合計と想定される点だけが異なる。かくて互いの排出量が等しい（$e_1=e_2=e_0$）という条件の下で次式を最大化させる問題として定式化される。

$$B^e{}_1(e_1) + B^e{}_2(e_2) - C^e{}_1(e_1+e_2) - C^e{}_2(e_1+e_2)$$

最大値問題であるから、e_0で微分して0とおくと

$$b_{01} - 2 \cdot b_{11} \cdot e_0 + b_{02} - 2 \cdot b_{12} \cdot e_0 - 8 \cdot c^e_1 \cdot e_0 - 8 \cdot c^e_2 \cdot e_0 = 0$$

が得られ、係数に先に与えた数値を代入してe_0を求めると259が得られる。その時の純便益は、排出量をそれぞれの国の純便益を定義した式に代入して、国1が23,422、国2が15,372となる。この時、両国の純便益の合計は38,794となり、それぞれが相手を考慮せず行動したときよりも大きくなることがわかる。また両国合わせた総排出量も682(409 + 293)から518(259 + 259)に減少する。

4. モデル分析から抽出される含意

最も簡単なタイプのモデルを使って国際環境問題の検討をおこなった。以上の分析から明らかになった含意を整理すると次のようになる。

第1は、個々の国単独の合理的行動は必ずしも最適な結果をもたらすわけではない。総体としてみるならば、協力して対処した方が全体としてより大きな成果が得られる場合があるということである。今日、気候変動枠組み条約(*5)のような国際協定の締結をはじめ、環境問題に関する様ざまな国際的取り組みが模索されているが、この試みが有意義なものであることが裏付けられている。

しかし、第2に国際的協力関係が安定的なものであるかどうかを考える必要がある。ここで取り上げた例からいうと、この協力関係は安定的とは考えられない。けだし、確かに2国を合わせた純便益は協力することによって大きくなっているが、こと国1に関する限りで見ると単独で合理性を追求した場合の純便益の方が大きいからである。言い換えると、国1にとっては協力する動機付けが存在しない。したがって、国際的協力関係がよりよい成果をもたらす可能性が示唆されたところで、その協力が実際に成立すると安易に考えることはできないのである。

それでは、国1に対して動機付けを与える手段はないのだろうか。国の間の補償を認めるならば、その余地が存在する。これが第3の含意である。上の例では、協力することによって増加する2国の純便益は8,857であるのに対して、国1の減少は3,535に過ぎない。国2にとっては、国1に対してその減少分を補償支払いしたとしても、まだ十分余りがあるので補償を提案する動機付けが存在する。ここでは、実際の補償額が交渉の結果どのような水準に決まるかについては議論できない（ただし、3,535以上8,857以下である）が、少なくとも補償が可能であれば国際協定によって国際環境問題の改善される余地はかなり大きくなるのである(*6)。

このように補償ということが必要になるのは、両国の被害に非対称性、アンバランスが存在しているからである。先に注意を喚起しておいたように、このモデルではc^e_iに関しては国によって異なる値が与えられていた。そのことがこのような結果を生み出したのである。本モデルでc^e_1よりc^e_2により大きな値が与えられていることは、同じ排出量に対して2国の方がより大きな被害を受けると想定していることを意味している。

このように想定している理由は、汚染には損害の非均一性、混合の非均一性と呼ばれる問題が存在しているからである。前者は、同程度の汚染であっても被害発現が地域によって異なるということを指す。

(*5) 1992年に締結された、地球温暖化の原因となる2酸化炭素などの温室効果ガスを削減する共同取り組みに関する約束。

(*6) 倫理的に考えるならこれはおかしい。汚染排出者はそれに見合う負担を負うべきであろう。このような考え方は汚染者支払原則(PPP：Polluter Pays Principle)として国際的に確立している。1972年の国連人間環境会議の宣言はこのことを明確に謳っている。しかし、国連にできることは宣言に従うことを要請することであって、従うよう強制する権限も手段もない。

たとえば、酸性雨被害を例にとるとその被害の程度は当該国の国土の酸性度によってまったく異なってくる。土壌酸性度が高く、中和する能力の低い国土では汚染被害は早くかつより強く表れる。後者は、汚染物質の濃度が世界的に均一にならない（均質に拡散しない）ということを言っている。偏西風をはじめとして地球上には一定方向を持った大気の流れ（卓越風）がある上に、その動きは山脈などの地形によってまた複雑な影響を受ける。卓越風によって、汚染物質が集まりやすい国とそうではない国が生まれてくるということである(*7)。チェルノブイリ原発事故による放射能がわが国に深刻な影響を与えることはないのである。

　関係する国が増えれば増えるほど相互関係が多角的になり、モデルを解くことが困難になることは容易に想像できることであるが、それ以前にモデルが現実から乖離しないように、ここでは既知数として扱った各種の係数、もっと言えば便益や費用を表現する適切な関数形（ここでは最も簡単な1次式で表される仮定した）を推定するという極めて難しい問題も存在するのである。化学者、気象学者、数学者など多くの研究者の協力がなければ、国際環境問題を解決することは難しいことは十分に理解できるであろう。

　なお、協定は規制的手法であって市場的手法ではない。第6章で確認したように市場的手法に費用最小化というメリットがあるのなら、上のようなケースに市場的手法を活用することを検討すべきではないのだろうか。確かにそうである。混合の非均一性がある場合でも、排出許可証取引を導入することは理論的には可能である。しかし、複数の国から汚染物質が流達してくるある国が存在し、その流達に混合の非均一性があるケースを考えてみよう。この場合、その国が汚染物質の量を減らそうと考えるなら、その国への流達量が多い排出源国での削減量を多くした方が効果的（流達量がより少なくなる）なはずである。とするならば、当該国は排出権を買い上げて排出源国の排出を削減させようと考える際に、同一量の汚染物質に対する排出権であっても流達量の多い国に対してはより高い価格を提示しても矛盾しないことになる。換言すると、許可証の売買価格は排出源国ごとに異なってしまうことになる(*8)。この場合、排出権取引は異なった価格の相対取引からなる入り組んだかたちのものと成らざるを得ないということである。相手によって価格が異なってくるような市場を運営することは実際に不可能である。

　以上のことは、排出権取引制度は混合の非均一性が存在する場合に利用することが難しいことを意味している。国際環境問題の中で温室効果ガスの削減についてのみ排出権取引制度が試みられているのはそのためである。温室効果ガスとして2酸化炭素をはじめ24の物質が認定されているが、これらは温室効果ガスと呼ばれるように、地球全体を覆うベールのように均質に拡散する性質を持っていることがキーファクターとなっているのである。

5. 環境問題への国際的協調行動が直面する問題

　これまで、国際環境問題への対処において国際的に協力して立ち向かうことの有効性を見てきた。実際、国際環境問題に関する多くの国際協定が生み出されている(*9)。しかし、これらの多くは完璧に有効なものとはなっていない。たとえば典型的国際環境問題である地球温暖化問題に関して、1992年に気候変動枠組条約（UNFCCC：United Nations Framework Convention on Climate Change）が締結され、

(*7) この極端なケースが国際河川の汚染問題である。国際河川とは国境をまたいで複数の国土を流れている河川のことを言うが、この場合には逆流を想定しない限り上流に位置する国が圧倒的優位に立つことになる。

(*8) この場合、異なった汚染発生国における追加的1単位の汚染削減費用が均等化されるという費用最小化原則は、異なった汚染発生国における同額の追加的削減費用がもたらす被害発生国における被害削減効果が均等化される、という構造に転化していることになる。仮にA国からの流達量がB国の2倍とし、排出権価格がA国に対しては20円／トン、A国に対して10円／トンとしよう。1円の追加的削減費用の投入効果は排出権価格の逆数となるから、A国の場合1/20トンしか削減されないが、B国では1/10トンの削減がおこなわれる。同じ1円に対するA国の削減量はB国の半分であるが、被害国での削減効果としては同じ効果がある。

(*9) 地球環境法研究会『地球環境条約集』中央法規参照。この本は性格上何年かに一度改訂されている。また、わが国が批准し公定訳［官報に掲載される］が確定した後、研究会による暫定訳が改訂されるので、利用に当たっては留意されたい。

温暖化問題に対する協調的行動の必要性が合意された。しかし、実際の行動要綱を定めた国際的合意である京都議定書に対しては、世界最大の温室効果ガス排出国であるアメリカはこれを批准せず、結局この行動から離脱している。

ここでは、温室効果ガスを想定しながら国際的協調行動を困難にする主要な要因について考えてみよう。

まず第1に、地球環境が地球公共財であることからフリーライダー（ただ乗り）と呼ばれる行動を誘発しやすいことがある。公共財（＊10）とは、それがもたらす便益の享受から特定の人を排除することが物理的および費用的理由からできず、また、そうする意味もない財のことである。たとえば大気中の酸素（何らかの便益をもたらすものは、経済学上すべて財と見なされる）を考えてみよう。われわれはほかの誰かに酸素を吸わせないようにすることはできないし、そうする必要もない。誰かが呼吸することで、自分が酸欠になるわけではないからである。言い換えると、大気浄化の効果はそのために努力した人にのみ及ぶのではなく、努力しなかった人にも等しく及ぶ。もしそうであるならば、人は、努力せずに（費用負担せず）効果だけ享受しようと行動する誘因を持つことになる。すなわち、フリーライダー的行動を選択したくなる。しかもやっかいなことに、協調的行動による効果が大きいほど、フリーライドの誘因は強くなる。効果が少なければ、自分も参加しなければ効果が担保されないからである。国際的協調行動は、費用と便益という点から言うと、一種の二律背反という脆い構造の上にしか成立しないのである。

第2は、不確実性から発する問題である。地球温暖化については、その原因が温暖化ガスにあることはおおよその共通認識が成立していると考えてもよいが、その影響の深刻度の認識については様ざまである。言い換えればそれを防止することの価値がどれくらいあるのか（被害に見合う費用とはどれくらいになるのか）についても、その影響がいつ頃になって現れるのかについても各国間の認識が一致していない。温暖化については、その原因、影響、また原因と結果の量的関係、結果発現の時間的関係についてそのメカニズムが科学的に十分解明されていないからである。いわば、不確実な情報のなかでの意思決定が求められているのである。

問題の全貌が科学的に十分明らかにされていない問題に対する対処の仕方として、予防原則という考え方がある。不可逆的かつ破滅的影響を発生させる可能性がある問題については、その科学的予測が不確実であったとしても予防的に対処すべきであるという考え方である。地球温暖化問題についても、気候変動枠組条約の第3条は「科学的不確実性を理由に対処を延期してはならない」としている。しかし、この原則を確認することと特定課題についての対応方法とその時間的フレームワークについて具体的に合意することとの間にかなりの距離がある。特定の対応による効果の大きさと費用は比例すると考えても大過ないとすれば、どの程度の費用負担を伴う対策を許容するかは各国の経済力や犠牲の大きさに対する認識に依存するであろう。たとえば、南太平洋の島嶼国のように海面上昇によって壊滅的打撃を受けることが確実な国の許容額と、大陸内部の高地にある国の許容額はまるで異なるであろう。

また、政策の時間的フレームワークは科学観によって左右される可能性がある。技術進歩に対する信頼が厚い国の当面の費用許容額は小さくなろう。多額の費用を投下した後に画期的技術進歩があれば、

（＊10）通常、われわれが利用している物はこの対極にある私的財と呼ばれる。たとえば、今自分が着ている衣服を考えよう。衣服から得ている便益は自分に限定されるし、自分が着ている限り他の人がそれを着るということはあり得ない。

それまでの投資が無駄になるかもしれないからである。ちなみに、1997年に合意された京都議定書では、1990年を基準とする削減量を2008年から2012年の期間に達成することとされた。

　第3に、衡平と効率のバランスをどうとるかという問題がある。効率性から言うとおそらく発展途上国に多く削減を割り当てた方が合理的となる。けだし、そこでは排出予防対策が十分講じられていないため汚染削減の余地が大きく、限界汚染削減費用が小さいと予想されるからである。しかし、それは著しく衡平性を欠いた案である。温暖化ガスの最大排出国はアメリカであり、地球温暖化問題の多くが先進国の豊かな生活を支えることに起因しているからである。京都会議では、「贅沢な排出」と「生きるための排出」を区別すべきであるとの主張が発展途上国から提起された。

　それでは、排出権をどのような論理で配分するのが最も理にかなっているのであろうか。衡平を重視するなら、人口量に応じて配分することがひとつの案と考えられるかもしれない。しかし人口は発展途上国の方が圧倒的に多いから、これには効率性を犠牲にしすぎるという反論があろうし、途上国の汚染削減誘因を弱めてしまうおそれもある。また、移民などの要素もあるから人口には安定的数値とは言えない側面もある。

　この対極にあるのが過去の排出実績に基づく配分（グランドファザリングと呼ばれる）という考え方である。これは現実的ではあるが、およそ衡平からかけ離れているし、倫理的にも問題がある。これまでの野放図な排出を追認することになるからである。結局、衡平と効率を同時に完璧に満たす案は存在せず、妥協的合意点を探る以外にないということになる。

　京都議定書では、結局発展途上国に排出義務を課さないという妥協が図られた。しかしそれはアメリカの脱落を招来することになった。ただ、京都議定書の運用細則（マラケシュ・アコード）ではクリーン開発メカニズム（CDM）という方法が認められた。これは、排出義務を負った先進国が、みずからの負担によって発展途上国で実施した汚染削減行為が先進国の削減義務量としてカウントされるという制度である。衡平と効率をバランスさせた方法とも見なせるが、先進国の削減義務量を本来削減義務のない発展途上国に移転しているに過ぎず、世界全体の排出量を確実に削減することにはならない恐れがあることが指摘されている。

　地球規模の環境問題に対しては、地球規模で対策を実施していくことが不可欠である。しかし、地球規模で協調的行動をとるためには乗り越えなければならない多くの課題がある。

第 8 章 | 環境共生時代のまちづくりリテラシー
鈴木 賢一

1. はじめに

　環境共生型のまちづくりを理解し実践するにあたって、市民がまちづくりに関する意識、知識、実践に関わるリテラシーを身につけることの重要性について記述する。はじめに、なぜ環境共生型のまちづくりが求められるのか、またその目標は何かについて記述する。次に、日本、アメリカ、イギリスにおける子どもたちに対するまちづくり学習がどのようにおこなわれているかを報告する。以降は、地域で筆者が関わってきた具体的な事例の報告である。第1に子どもたちの体験型デザインワークショップ、第2に市民による地域資源発見につながるまちづくり活動、第3に市民参加による小学校の設計プロセスを報告する。これらを通じて、まちづくりリテラシーの重要性と、その実際的場面での学習や応用事例について記述する。

2. 環境共生型のまちづくりの目標

2-1　なぜ環境共生か

　人が集まるとまちになり、建築が集積するとまちになる。まちは、人と建築の集積の場である。まちは人と建築との相互関係のなかで長い歴史を積み重ねながら文化を育んできた。育まれた文化と、文化を育んだ場所は、相互に関連しながら個性的意味をおびるようになる。まちに蓄積された文化的環境は、地域の共有財産となり、人びとの拠り所となる。建築の集積の結果としてのまちは、人の手で構築された人工的環境であり、人の営みの物的蓄積でもある。もともと自然環境に育まれてきた人間は、自然環境と人工環境との共生的関係を保つことで、生活様式を洗練させてきた。

　しかしそうした関係は、都市化が進行するプロセスにおいて急激に希薄になる。人がつくり出した人工環境と人を取りまく社会環境、自然環境との関係は、きわめて深刻な状況を生み出している。人間は、環境に手を加えつつ快適な生活環境を手に入れてきた。しかしながら、快適で便利な生活を獲得した一方で、手を加えた環境から思わぬ仕返しを受けはじめている。都心部におけるヒートアイランド現象、地球の温暖化現象は、予測不能な気象現象をもたらしている。人類の長い歴史においてこの種の急激な変化は、日本に関して言えばわずかこの50年のことである。人を取りまく生活環境はいったいどう変化してきたのであろうか。

　第一に、都市への急激な人口集中があげられる。1900年、日本の人口は約4500万人であり、その67％は地方圏に居住していた。それが1967年に1億人を越え、現在1億2千万人に達する。現在全人口の63％にあたる7800万人が国土面積のわずか3％にあたる117万haの都市的地域に居住している。しかも、全国人口の48％にあたる5800万人が国土面積の14％、536万haの3大都市圏に集積している。経済成長期に多くの優秀な青少年が学歴と仕事と夢を求めて都会へと移動した結果である[*1]。

　そもそも人間の住まいは、水はけの良い平地に窪みを掘り、その上部に木や粘土で壁や屋根を作るという質素なものであった。風雨から生活を守るためである。自然の恵みを享受しながらも、きびしい環境を乗り切るための工夫を重ねてきた。ところが現代では、四季の変化、日々の気象変化に影響を受けることのない安定的人工環境を手にした。空調設備、照明設備の導入により、自然現象と無縁な室内空

(*1) 春田尚徳、『日本の都市化と社会変動』名古屋大学出版会、1996年

間を手に入れた。高さ1000m級の高層ビルの建設も実現可能となっており、人工環境は人間的尺度をはるかに越えようとしている。はりめぐらされたネットを使えば、電子情報は時空を簡単に越えることができる。

しかし、一般市民にとってなぜそれが可能か、どのような仕組がそれを支えているかを知ったり、直接関わったりする必要はない。どう使いこなすかだけが都市生活のノウハウとして求められる。

いわば都市は他人まかせの共同社会である。農村や漁村、山村を郷里に持つ人々が減り、都市に生まれ都市で育つ人間が増加した。衣食住に代表される生活様式は他人に委ねられる。着るもの、食べるものは誰かが作ったり栽培したりしたものを金銭で購入して手に入れる。生活の場である住まいも購入する対象となり、それを自ら作ることに関わる機会はほとんどない。あるいは冠婚葬祭のような儀式や、四季折々の行事も住まいから消え去ろうとしている。結婚式も葬式もそれにふさわしい場所が他に用意される。自宅で生まれ自宅で死ぬこともなくなった。

生活は機能ごとに分断され、住居から都市へと生活があふれ出す。さまざまな人間が個々の欲望に基づいて過密に暮らす都市では、相互が適度な距離をおかなければ生活がなりたたない。共同体意識は意図的に追及しないかぎり生まれることも持続することもない。

まもなく少ない若者が多くの老人を支える社会に突入しようとしている。いまだかつて経験したことのない「少子高齢社会」の出現である。この社会がどんな世界へ向かおうとしているのか、誰もが大きな不安を抱く。生産性向上に向けて健康で働き盛りの成人男女のために作られてきたこれまでの都市や建築のような構築環境は、子ども、老人、障害者にとっては思わぬバリアーが多く、快適な生活ができない。しかもエネルギーを浪費する都市はさまざまな矛盾を抱え込んでいつ破滅してもおかしくない脆弱な状態である。「すべての人々に使いやすいデザイン」（ユニバーサル・デザイン(*2)）や「持続可能な社会の構築」（サステイナブル・デザイン(*3)）の重要性が指摘されはじめているのは、こうした背景があるからにほかならない。

2-2　環境共生型まちづくりの目標

地球資源の浪費を省みることのない都市のあり方、生活の仕方をどう方向転換すべきか、こうした環境に関する問題に建築界はどう取り組もうとしているか概観する。

1992年、ブラジルのリオ・デ・ジャネイロで「地球環境サミット」が開催された。そこでキーワードとなったのが「持続可能な発展」である。この概念に関して、国際建築家連合（UIA）は、アメリカ建築家協会（AIA）と連名で提言を公表した。翌年のシカゴ大会のことであり、建築界においては「持続可能性」を骨子としたはじめての宣言である。

宣言では、次のように述べている。

すべての生きとし生けるもののために、将来にわたって自然と文化を回復し、保存し、向上させるのが持続可能な社会である。健全な社会にとっては、変化にとんだ健康な環境が本質的な価値を持つ

（*2）ノースカロライナ州立大学のロン・メイスが提唱した考え方。デザインの7原則として①誰にでも公平に使用できる、②使う上で自由度が高い、③簡単で直感的に分かる、④必要な情報がすぐ分かる、⑤エラーや危険につながらない、⑥無理な姿勢や強い力がいらない、⑦適切な寸法と空間である、が示された。

（*3）地球と人類が共生している仕組みを壊すことなく、将来にわたって持続可能であるデザインのこと。

と同時に、必須のものである。しかし、今日の社会は深刻な環境の質の低下を招いており、持続可能なものではない。われわれ人間は、自然環境全体と生態的な相互依存関係にある。また、社会的、文化的、経済的に全人類が相互依存関係を有している。そうした相互依存関係の下にあって、あらゆる関係者間のパートナーシップと平等性とバランスが持続可能性にとって不可欠の条件である。

人間が自然環境と生活の質を向上させるうえで、建築物と建築環境は主要な役割を果たすものである。資源とエネルギー効率への配慮、健全な建築と材料、生態系と社会とに配慮した土地利用、そしてインスピレーションと確信に品格を与える美的感性、こうしたものを統合するのが持続可能な設計である。人間が自然環境に与える悪影響は、持続可能な設計により大幅に軽減することが可能であり、それは同時に生活の質と経済的利益の向上にもつながる。

一方わが国では、日本建築学会が、1997年の「第3回気候変動枠組条約締約国会議」(COP3) 開催に向けて「我が国の建築は今後、生産二酸化炭素排出を3割削減、耐用年数3倍増100年以上を目指すべき」とする学会声明を発表し、地球温暖化問題に関して今後目指すべき方向を示した。地球温暖化防止に関する国際条約として京都議定書が取りまとめられたのは周知の事実である。

さらに、地球環境が抱える問題に、日本建築学会、日本建築士会連合会、日本建築士事務所協会連合会、日本建築家協会、建築業協会の5つの団体が集まり、「持続的社会を構築する上での日本の建築のあるべき姿を共有しよう」と「地球環境・建築憲章」を2000年7月にまとめた。ここで掲げられた目標は、長寿命、自然共生、省エネルギー、省資源・循環、継承の5項目である。

「長寿命」では、住民参加による合意形成、新しい価値の形成、建築を維持する社会システム、維持保全しやすい建築の構築、変化に対応する柔軟な建築、高い耐久性と更新の容易性、長寿命を実現する法制度の改革を運用指針として掲げた。日本の建築は、世界のなかでも極端に寿命が短い。機能、構造、素材など、さまざまな観点から長寿命を達成する技術の開発が急がれる。

次の「自然共生」では、自然生態系を育む環境の構築、都市部の自然回復・維持・拡大、建築の環境影響への配慮を指針としている。日本人は本来豊かな感性を持つ民族であり、伝統的に自然と共生する住まい方をしてきた。しかし、無秩序な開発により、生態系を破壊し、身近な自然を排除してきた経緯がある。

「省エネルギー」は、地域の気候にあった建築計画、省エネルギーシステムの開発と定着、建設時のエネルギー削減、地域エネルギーシステムの構築、自然エネルギーの活用に対応した都市の空間構成、省エネルギーに寄与する交通のための都市空間、省エネルギー意識の普及・定着を意図している。地球温暖化の原因の約4割は建築の生産から施工、運用、廃棄にいたるライフサイクルでのCO_2排出によるものである。

「省資源・循環」では、環境負荷の小さい材料の採用、再使用・再生利用の促進、木質構造および材料の適用拡大、建設副産物の流通促進による廃棄物の削減、生活意識の変革と行動への期待を掲げて

いる。地球上の資源は有限であるが、建築分野での過剰消費は資源枯渇や産業廃棄物の問題を深刻化させてきた。すでに日本各地の最終処分場はほぼ満杯である。建築関係廃材は最終処分量の4割におよぶといわれている。

最後に「継承」は、よき建築文化の継承、魅力ある街づくり、子どもの良好な成育を促す環境整備、継承のための情報の整備である。日本の都市景観は、それを慈しみ守り育てようという良識ある市民の支持を得られなくなってきている。次の時代を作る子どもたちのためのよい成育環境を整備しなければならない。こうした目標は、専門家というよりは、市民自身が問題意識をもち目標を理解できるか否かにかかっている。

2-3 まちづくりリテラシーとは

最近、従来使われてきた「都市計画」ということばに代わり、「まちづくり」が広く使われるようになった。「まちづくり」とは、地域社会に存在する資源を基礎として、多様な主体が連携・協力して、身近な居住環境を漸進的に改善し、まちの活力と魅力を高め、「生活の質（QOL）(＊4)の向上」を実現するための一連の持続的な活動である(＊5)。

「まちづくり」に「環境共生型の」という修飾語がつくとき、立地する環境の持つ固有の文脈に則った、という意味合いが付加される。地域社会に存在する資源を環境と読み替えることができるならば、地域に存在する社会的環境、物的環境、文化的環境、自然的環境、歴史的環境など多様な地域資源は、相互に関連しながらまちが共生すべき対象としての環境と考えられる。一方で、環境共生という場合の環境には、地球環境保全あるいはその関連として自然環境保全の意味合いに限定して使う場合もあろう。

住まいに関わる社会的課題は専門家が先んじて取り組むべきであるが、今後は市民においてもその理解と意識の向上が不可欠であろう。建築や都市は技術的に専門性の高い分野であり、専門家と市民のギャップは大きいが、持続可能性を考えた住環境づくりを進めるには生活の主体である住民の意識、価値観がその内容を大きく左右する。したがってまちづくりにおける意思決定の場面において、市民自身が主体的であるために住環境の学習が不可欠である。

そのために環境共生型まちづくりに関連する教育内容や方法論の構築がますます重要になってくる。あわせて、実際の場面においても住民参加の機会を増やすことが重要である。自分の住まいや住まい方は地域の住環境の一部を構成しているという意識、まちという仕組みのなかで生活しているという共生意識をもって生活しなければならない。そして、住環境を創造する主体として単に、意識をもつだけにとどまらず実際の行動につながる能力をもつことである。そのために必要とされるのが「まちづくりリテラシー」(＊6)であり、その実現に向けて取り組むのが人工環境教育(＊7)である。

リテラシー(literacy)とは一般的には、読み書き能力をさす。読み書きの能力の向上は、自身のおかれた状況やとりまく社会のあり方を客観視し、それを改善するための表現ができる能力である。したがって、「その習得によって人が自分やその周囲の環境の問題に主体的にかかわっていける能力を身につける」という意味に用いられる。

(＊4) Quality Of Life の略
(＊5) 日本建築学会『参加による公共施設のデザイン』丸善、2004
(＊6) 妹尾理子、『住環境リテラシーを育む―家庭科から広がる持続可能な未来のための教育―』萌文社、2006
(＊7) Built Environment の訳。人工環境、構築環境などと訳される。

1987年ユネスコと国際環境計画が開催した世界環境会議では、すべての人が「環境リテラシー」を身につけることの重要性が示された。環境リテラシーは、「環境教育プログラムの望まれる成果である。環境的なリテラシーを持った人とは、生態系と社会・政治的システムの両方を理解し、環境的な質の向上のために、その重要性を主張するあらゆる決定のために、その理解を適用しようとする意向を持つ」と定義された。環境リテラシーを表わす4つの要素として、①個人・市民としての責任、②環境問題を理解し対処するための技能、③環境的なプロセスやシステムについての知識、④調査し分析する能力、が示された。私たちの生活の舞台であるまち（人工環境）をつくり、使い、育て、愛する力のことを「まちづくりリテラシー」と呼んでみたい。

3．子どもたちのまちづくり学習
3-1　まちづくり学習の意義
　まちづくりリテラシーを身につけた人材育成のため、子どもたちのまちづくり学習が重要な意味を持つ。環境全般に対する人びとの意識の高まりの中で、日本各地でまちづくり学習に関するさまざまな取り組みがおこなわれている。環境教育を先行しておこなっている先進諸国も含め、まちづくり学習のひろまりは世界的動向であろう。ヨーロッパでは、建築学習からさらに踏み込んで、建築ポリシーを打ち立てている。建築文化を一般に広める目的である。建築ポリシーとは、「生活の質に影響する人工環境計画における市民参加と議決に関する権利」である。たとえば、世界的建築家アルバー・アアルト（*8）を育てたフィンランドは、教育全般でも注目を集めるが、建築教育についても熱心である。2003年には、「建築」が小学校のカリキュラムに選択科目として取り入れられた。

　こうしたまちづくり学習の共通目的には、①人工環境を理解すること、②デザイン活動による体験的理解、③まちづくりに参加できる市民育成、などがあげられる。建築や都市が適切にデザインされていれば、人間の生活を豊かにするはずである。

　建築は芸術と科学を総合する分野であるという点で特徴的である。自然科学、社会科学、人文科学、芸術等の原理と考え方を利用する総合性を問われるということである。「建築」の優れた点は、多くの学問領域がまたがっていると同時にそれらが目に見える形をもっていることであり、物質の世界と精神の世界を結合していることである。また、建築の手法は、創造力を育む総合的道具として捉えることもできる。実験をする、仮説をたてる、操作する、疑問を抱く、相互関係を見つける、自分の考えを述べる、体験内容を評価するといた場面が連続的に生ずるからである。今、世界各地でどんなまちづくり学習が展開されているのか概観してみたい

3-2　日本におけるまちづくり学習
　日本の学校教育におけるまちづくり学習は、社会科の地域学習分野と家庭科の住まい学習分野で取り上げられてきた。社会科のまち学習は、小学校の3、4年生で取り上げられ、比較的長い実践の歴史をもち、地域ごとに地域学習用の教材が作成され活用されてきた。家庭科では、5、6年生において快適

（*8）Alvar Aalto、1898-1976。フィンランドを代表する建築家、デザイナー。スカンジナビアの近代建築家として最も影響力のあった一人である。

な住生活を展開する場としての住環境の改善、近隣生活の改善などが扱われる。しかし、まちそのものを中心的テーマとしたものではなく、既存の教科のなかで関連なく取り上げられたにすぎない。

ところが、最近のカリキュラム改訂において、さまざまな変化がみうけられる。第一に、1989年の指導要領改訂で、小学校低学年の社会と理科が廃止され生活科が設けられた。生活科とは「自分と身近な人びと、社会及び自然とのかかわりに関心を持ち、自分自身や自分の生活について考えさせるとともに、生活上必要な習慣や技能を身につけさせ、自立への基礎を養う」とある。

第2に「環境教育」が導入された。教科としての導入ではなく、各教科のなかで取り上げ、教科間の連携のなかで目標を達成するものである。経済成長期に発生した公害問題に端を発した経緯のなかで、「環境」が本格的学習対象として取り上げられる意義は大きい。文部科学省の作成した「環境教育指導資料」(＊9)では、「環境教育とは、環境や環境問題に関心・知識をもち、人間活動と環境とのかかわりについての総合的な理解と認識の上にたって、環境の保全に配慮した望ましい働きかけのできる技能や思考力、判断力を身に付け、より良い環境の創造活動に主体的に参加し、環境への責任ある行動がとれる態度を育成する」と定義している。

第3には、「総合的な学習の時間」(総合学習)の新設である。総合学習は、教科を横断する教科書のない学習時間として、学校や教師の裁量に委ねられる学習時間である。学習の主体や、内容、方法など、具体的マニュアルがないため大きな戸惑いがあるのも事実である。しかし、テーマとして揚げられた「国際理解、情報、環境、福祉・健康」に関連して、建築やまちが取り上げられる可能性が大幅に広がった。また、地域に密着したテーマ設定と、体験的学習、問題解決型のプログラムが推奨されており、地域に固有の課題に取り組むケースも増えているようである。

3-3　アメリカの「建築と子どもたち」

アメリカでは、1960～1980年代に子ども建築教育の理念やコンセプトが生み出され、学校出張授業、美術館での体験学習など実質的活動を蓄積している。

ニューメキシコ大学アン・テーラー教授は、人工環境を学校教育と子ども達の能力開発に用いる方法の開発と実践に取り組んできた。アン・テーラー教授がまとめた『建築と子どもたち』(＊10)はたいへん分かりやすく都市・建築を学ぶことのできるガイドブックである。

ニューヨークには、サルバドリ教育センター(Salvadori Educational Center on Built Environment)という1987年創立のNPO組織がある。マリオ・サルバドリ博士(コロンビア大学名誉教授)の考え方と著書を基本として設立されたもので、人工環境を教材とした学習プログラムの開発と実践活動を支援する。身近な人工環境という具体的対象に焦点をあわせることにより、数学や科学の抽象的概念を理解できるという考え方である。また、問題解決能力は体験的活動を通じて効果的に身につき、小グループ学習や同年代同士の教え合いが、協働作業の方法とコミュニケーション能力を獲得しながら数学や科学を探究する効果的方法であるとしている。

この組織は、マンハッタン周辺の小中学校にスタッフを送り込みながら、都市や建築を用いた教育を

(＊9) 文部科学省『環境教育指導要領（小学校編）』1992、『環境教育指導要領（中学校・高等学校編）』1991

(＊10) アン・テーラー(稲葉武司訳)『建築と子どもたち』建築と子どもたちネットワーク、1996

実施している。ある小学校では、マンハッタンにかかる吊り橋の模型を制作することにより、総合的な教材として取り組んでいる。どのようにトラスを組むと強度が高まるのか、それは何故なのか、数学や科学の具体的な学習対象である。また、小グループ内での議論はコミュニケーションの学習の重要な要素として捉えられている。もとより橋の必要性は大都市の物流と経済を学ぶ社会科の教材でもある(写真1)。またある学校では、住宅デザインし、その模型を作成し、クラスの仲間にプレゼンテーションするという、本格的カリキュラムを実行している。しかし、これは建築がさまざまな教科に分断された概念を総合的に学ぶことができるという特性を利用したカリキュラムである。平面図をスケッチしながら幾何学を学び、構造を考えることで力学を知り、工事費の積算を通じて四則演算を学ぶ。しかも自分のデザインの特徴を他人に説明し、売り込むことでやはりコミュニケーションの技術を学んでいるのである(写真2)。

3-4　イギリスのラーニング・スルー・ランドスケープ

　イギリスにおける都市や建築の学習プログラムには、都市計画や公共建築計画への市民参加の考え方や、持続可能な開発を目指す環境教育の考え方が大きな影響を与えている。1968年、都市計画の中に市民参加を義務づけることとなったが、そのガイド・ラインとして「Skeffington Report」を示した。このガイド・ラインには、学校教育における都市学習の重要性が記述されている。この都市学習の先導的な役割を果たしたのが、都市・田園計画協会(*11)が1973年に提示した「Street Work」である。しかも、翌年には同協会内に教育部門を組織し、地域の学校にこれに則った都市学習を推進できる人材を派遣し、実験的プログラムの実践に取り組んだのである。

　その初めての実践がロンドン市内にあるピムリコ総合中学での「Front Door Project」である。これは、中学生が地域にある人工的環境を題材にして、発達段階に応じたデザイン学習を積み重ねるというプログラムの実験であった。1975年、このような実験的授業の情報交換のできる情報誌『BEE』(*12)が発刊されるようになり、アーバン・トレイル(まちを教材化するための探索ルート)や、街づくりに関わるプランニング・ゲーム、説明や交渉、説得など計画に関わるディベート術のような具体的手法が報告された。

　さらに1975年には、地域環境やその問題を認識しそれを解決する技術と知識を提供する拠点、アーバン・スタディーズ・センターがロンドンのノッチンデールに設置された。それ以降1980年代には全国に40を越える程にまで増えたのである。こうした運動のなかで、デザイン教育を軸にした発達段階に応じた総合学習方法を組み立てたのが、都市計画家のケン・ベインズである。かれが具体的に提唱したのは、アートと都市環境(*13)というプロジェクトである。地域環境を評価し、それをどのように改善に結びつけるかという課題に、建築家、都市計画家、教育関係者、地域住民が一体となって検討をおこなったのである。子どもたちの発達段階に応じて、①まちや建物など地域環境に関心をもつ、②批評・批判能力や他の意見を理解する能力を身につける、③自分でデザインする能力、プレゼンテーションの技術などを育てるなどの方法を検討した。

　ところで、イギリスの学校建築は良く知られているように、1960年代より教育関係者、建築家、行政

(写真1) ブリッジを題材に学ぶニューヨークの小学生

(写真2) 住宅デザインを通じて学ぶニューヨークの小学生

が一体となったプロジェクト研究を実施し、発達段階に応じた有機的な平面構成の考え方をまとめ実際の学校建築に応用してきた。実際に完成度の高い計画案が次つぎに実現されていったわけであるが、一方で都市部を中心に学校が荒廃し、いじめや非行問題が日常化したのも事実である。学校周辺の屋外空間が、荒れた子どもたちの心を落ちつかせ、子どもたちの成長に大きな影響力を与えることに着目したのが、ハンプシャー州の都市計画部造園技術者、メリック・トンプソン氏である。それまで教室と校庭とのつながりが重要であることは認識されてはいたものの、屋外スペースについては屋内スペースに関する計画密度に比して提案性に欠けていた。ところが、環境教育の重要性とあわせて教育荒廃現象を解決するための有効性が認識され、学校校庭の活用が研究されはじめた。

そこで実施されたのが、学校敷地での環境学習の可能性と教育上の意義を明らかにしようとする研究プロジェクトである。調査結果はイギリス政府が『The Outdoor Classroom』(*14)として公表した。子どもたちが学校生活の1/4は屋外で過ごすこと、そこでの経験が子どもたちに及ぼす重大な影響を明らかにしたのである。非営利団体LTL(*15)は、1985年に当時の教育科学省、地方の委員会等の資金援助によるこの調査プロジェクトがきっかけで生まれた。ハンプシャーの州都であるウィンチェスターに事務所を構えるLTLは校庭活用に地域住民を巻き込みながら活動を展開している。

4. 学習型環境デザインワークショップ
4-1 デザインワークショップの概要

子どもたちに対する効果的なまちづくり学習の実践においては、直接体験的手法が最も重要である。筆者は1998年より名古屋市立大学芸術工学部を拠点に、地元小学校生と親を対象とする環境デザインのワークショップ(以下WS)を実施してきている。子どもといっしょにまちを探検し、まちの特徴を知り、将来の地域環境のデザインについて考えようという意図を持つ。このWSは、1回だけのイベントで終わらせないために、各々独立しながら一連の発展性ある筋道にしたがって構成している。本稿では、ある年の8月から12月まで月1回のペースで実施したWSについて報告する。

初回のプレイベントは「建築デザイナーに挑戦」をテーマに、レンガのアーチと段ボールのドームを等身大のサイズで制作した。5回のWSのきっかけ作りである。第2回、3回は拡大した住宅地図上での作業と実際学区へ出てのフィールド・ワークにより、自分たちが住みなれたはずの学区を見直してみるものである。第4回、5回はこうした現状把握の作業をベースにし、個々で住んでみたい住宅をデザインし、さらにこれらを集合させて街づくりのシミュレーションをする創作活動である。主体的に参加の意思表示をした子ども22名とその親15名の参加者による利害関係のない純粋なWSである。またこの他に参加者と一緒に作業をしながらスタッフとしてボランタリーに参加する大学生や設計事務所の所員約20名、総勢約60名で構成される。

(*11) TCPA：Town and Country Planning Association
(*12) Bulletin of Environmental Education
(*13) ABE：Art and Build Environment
(*14) The Department of Education & Science, Outdoor Classroom, Building Bulletin 71,1990、日本語訳は、IPA日本支部『アウトドア・クラスルーム』公害対策技術同友会、1994
(*15) Learning Through Landscape

4-2 学習プログラムの実際
1）建築デザイナーに挑戦
　巨大な建築構造模型を作成することで、ダイナミックな建築構造の美しさを認識させるプログラムである。はじめに準備体操として、人体を使って柱やアーチやヴォールトの力の流れを体で感じることのできる「人間ストラクチャー」という体操（「建築と子どもたち」にも紹介されている）をおこなった。力の流れを体感することができ、建築構造への興味を促した(写真3)。次にカラー・プラスチック製の段ボールを素材として、正20面体の半球ドームを作成した。3チームに分かれ各々リーダーの指導により、同じマニュアルで進行したにもかかわらず、グループ毎に仕事の進め具合や人間関係が異なり、興味深いプロセスであった。休憩をはさんでレンガのアーチ作成に入る。ビールのケースで支えた半円形の合板を型枠にレンガを石灰で積み上げるものである。煉瓦をひとつずつ運ぶこと、石灰を練ること、小手を使ってレンガを積み上げる作業など、これまで経験したことのない作業に大人も子どもも喜々とした。しかし結果的にひとつも成功せず、再度の挑戦への期待を残した(写真4)。

2）ガリバーマップでまち自慢
　巨大な地図を用いて地域の話題について情報交換する作業である。はじめに、地域のことを思い出すために、家から学校までの認知マップの作成に取り組んだ。地域のイメージを紙面に地図として定着する作業である。何も手ほどきはしなかったが、鳥瞰図や透視図で表現する力作もいくつか見られ、なかには与えられた用紙をはみ出して下敷きの段ボールまで地図を書き込む子どももいた。本番では、小学校区の住宅地図（1/1500）を1/250に拡大した用紙を用意し、教室の床に広げて地図を張合せる作業をおこなった。8m×6mの巨大地図が教室に出現し参加者を驚かせた。1/250の地図を歩くという印象的体験である。まずは自分の家を探しシールを張りつける。次によく行く友達の家、よく行くお店やさんなど生活圏を確認するシールが張られた。次に町のなかで好きな場所に緑のシール、嫌いな場所に赤のシールを張りながらサインペンでその理由を書き込んだ。地図の上をガリバーになったつもりで行ったり着たりしながら、自分の街の様子を見直したり、他人のコメントを覗き込む親子の姿が見られた。このあと一人一人この学区のとっておきの場所を披露してもらいながら、街自慢をした。交通量の多い交差点がかつては土葬のお墓だったなどという新事実も披露され、改めていかに自分住む地域を知らないか認識されたようである(写真5)。

3）学区まち並み探偵団
　日常生活している見慣れた街で、気がつくことのなかった多様な環境の在り方を意識しようとするWSである。何気ない建築や風景を、五感を働かせていつもとは違った視点で眺めてみることにした。グループに分かれ各々与えられた調査エリアについて、①音を探す、②においを探す、③温度を測定する、④気になる場所をインスタントカメラに収める、⑤お年寄りに地域の歴史をインタビューするという5つの課題に取り組んだ。調査ポイント毎の結果を前回のガリバーマップ上におとし込むことにより、地域のさ

(写真3) 体で構造を学ぶ人間ストラクチュア

(写真4) レンガを使って等身大のアーチを作る

(写真5) 巨大地図（ガリバーマップ）で地域を知る

まざまな情報が一枚のマップ上に落されることとなった。車などの大きな音に、さわやかな小さな音がかき消されていること、においは探すのが困難であったこと、お年寄りの生の声が聞けていいチャンスであったなどのことが報告された(写真6)。

4) 私の住んでみたい家

住宅は生活の拠点であり、建築やまちの原点であり、環境を考える出発点である。自分の住んでみたい家の模型づくりを通じて、創造の楽しさ、自らの環境を自ら作ることの重要性を知ろうとするものである。この模型は最終会のまちづくりWSにも利用する。まずは世界に見られるさまざまな住宅のスライドを見ながら、その間に自分の住んでみたい家のテーマを設定した。このテーマにしたがって、スチレンボードを主材料として1/50の模型を作成した。光や緑など季節感を題材とするテーマや、窓や屋根などの部分にこだわるテーマ、遊具やプールを取り込もうとする作品など実に多様なテーマが出そろった。1/50というスケール感を持つために、人間のモデルを作り、8畳とか6畳の広さの部屋のボリュームのわかる発砲スチロールでスタディをした(写真7)。

5) まちづくりゲーム

まちや都市にはいろいろな考え方をもった人達が、各々の生活のしかたで活動をしている。多くの人達が快適に住まうための街区について話し合いながらデザインしてみようというWSである。前回自分で作った住宅模型でまちづくりゲームをおこなうために、各自で作った住宅の特徴や考えたことを発表しあった。次に上野小学校に隣接する街区を1/50に拡大した地図上に親チーム、子どもチームに分かれ、各々住宅模型を配置し、街区のイメージを話し合うことにした。ここでも作業の先行する子どもチームと、話し合いの先行する親チームの対比的な行動場面が見られた。最後にモデルスコープを通したスクリーン映像を見ながら、街区の考え方を各々発表した(写真8)。

4-3 プログラムの効果と課題

一連のWSを通じて、参加者やスタッフがリタイアすることなく毎回盛り上がりを見せてきた。毎回やや多くのことを盛り込みすぎ、時間不足、消化不良の傾向もあるが、比較的円滑に運営された。企画そのものの内容、リーダーの資質、親と子の関係、プレゼンテーションの方法など、課題がいくつか浮かび上がっている。

この試みは数名の専門家が特定の地域の小学生に対してプログラムを持ち込み、参加を募るというWSとしてスタートした。今後この試みが継続するためには、特定のリーダーによる企画運営に留まらず、次の段階として行政や学校、地域組織、職能団体などの支援を得て、地域と一緒に運営主体を構成する必要がある。プログラムの一部で行政のまちづくり推進部門や地域ボランティア組織との共同実施もおこなっている。

また中学生になっても参加する子どもや多数の協力スタッフ(特に社会人)の存在を顧みると、このよ

(写真6) まち歩きを通じて身近な環境の良さを知る

(写真7) 将来住んでみたい住宅模型の制作

(写真8) 住宅模型を持ち寄ってまちづくりを体験する

うな体験的地域学習プログラムは、小学生とその親という対象範囲を越えて、多くの人びとを引き込む可能性と潜在力があるように思われる。参加者もしくは関与者の幅が広がり、さらにそのつながりが深まっていくことは、今日のまちや建築を見つめる視座を豊かなものにしていくために不可欠であり、このようなプログラムはそのきっかけや深化を促す有効な方法の1つであろう。

　このWSで採用した内容や手法は、先行事例を参照し、当地域の実状や参加者の特徴をふまえてアレンジし、実施した。今後WSの内容や技術は、意見や情報の交換によって公表され、共有され、試されるべきであろう。また、このような地域発見型の環境学習プログラムは、学校の社会科や生活科の一部、生涯学習関連施設や学術団体などによるイベント、まちづくりや環境保全の非営利組織などによって、それぞれの目的で各地で実施されている。比較的似通ったプログラムもあり、これらが連携することによって地域学習は今以上に多角的なものとなり、同時にかぎられた資金や人材の有効活用にもなると思われる（＊16）。

5．市民による地域資源の再発見
5-1　城山・覚王山地区のまちづくり

　2001年2月、名古屋市千種区に城山・覚王山地区魅力アップ事業の運営組織である「城山・覚王山地区魅力アップ事業実行委員会」（以下実行委員会）が立ち上げられた。魅力づくり事業は、名古屋市16区それぞれの将来構想に従い、区役所が中心となり区民とともに取組む地域固有のまちづくり活動である。2000年に策定された市の総合計画「名古屋新世紀計画2010」（名古屋市基本構想に基づく第3次長期総合計画）における地域別計画の中に位置づけられたものである。千種区における魅力づくりは3つの事業で構成されている。①アジサイタウン事業、②文教地区の学習環境づくり、③城山・覚王山地区魅力アップ事業である。本稿で取り上げる「城山・覚王山地区魅力アップ事業」は、「城山・覚王山地区の魅力アップを図るために日泰寺周辺で多くの市民が集まるフリーマーケットなどの地元商店街によるイベントを支援し、史跡を活かした史跡散策などの催しを実施する」と記述されているように、千種区の城山・覚王山を限定的対象地区としたまちづくり活動と位置づけられる。

　「城山・覚王山地区魅力アップ事業実行委員会」には、地区の魅力の発見、創造、発信を目的に地域住民、商店街、寺社、市民活動メンバーなどが集められた。筆者もその一員である。実行委員会では、①散策、マップづくりによる地区の魅力発掘、②地区の歴史を象徴する近代建築の保存・活用、③区民手作りのイベント開催、の3つの活動の方向性を打ち出した。初年度よりさまざまな活動を開始し、実行委員会が一体となり手探りでまちづくり活動を展開してきたといえる。

　活動後3年目からは、テーマ別の実行部隊としてワーキンググループを構成することとし、散策路グループ、歴史グループ、事業グループの3チームを編成した。歴史グループは、歴史を軸に魅力アップをはかろうと、揚輝荘を中心に近代建築としての歴史的価値を見直す活動を実施しはじめた。以降実行委員会のメンバーが中心になり「揚輝荘の会」を自立的に設立し現在では独自の活動を展開しはじめている。一方、事業グループは、区民による音楽活動を支援しようと「やまのて音楽祭」を企画運営し、年々内容を

（＊16）鈴木賢一『子どもたちの建築デザイン』、農文協、2006

充実させながら2003年より毎年3月に開催している。

5-2 地域地図の作成

当初、実行委員会参加メンバーからは、「まちづくり」にどのように関わることができるか、どんな成果が期待できるか明確でないという指摘が何度もなされた。明確な見通しがない段階においては、しばしば情報が共有されていないことが多い。そのために実際にまちを歩いて地図を作成することは、議論が一般論に止まることを防ぐためにも重要なことである。実行委員会では、3つの柱となる活動を展開するにあたり、対象地区の魅力を確認しようという方針を打ち出した。まちを探索し、その過程で拾い上げた情報を地図に表現しようという作業である。日頃何気なく見過ごしがちな風景も、その気になって眺めてみると新たな発見がある。

公募により地図づくりに集まったのはこの地区に住む住民や商店街の人びと、学生、郷土史学習会のメンバー、関心をもつ専門家など合わせて約30名である。各々分担したエリアをカメラ片手に精力的に歩き回り、撮影写真にコメントを書き込みデータシートの作成をした。教育学部の学生が得意の手書きスケッチで温かみある表現をしたかと思えば、芸術工学部の学生がコンピュータグラフィックで手を入れるなど、参加者の個性と能力がおおいに発揮された。また、地元に永く住む郷土史に詳しい年配のメンバーが分りやすい解説文を添えるなど、世代を超えた交流も見られた。最終的には地理学教室の女子学生が参加者の似顔絵の入った手作りの地図をまとめ上げ、「み・ちくさMAP －歩いて見つける城山・覚王山－」(2001年7月)として仕上げた。約3ヶ月という短期間の作業であったが、ユニークな地図に仕上がった(写真9)。

完成した地図は、①城山・覚王山地区を1枚の地図に表現したはじめての地図、②地域住民が、まちづくり活動に興味を抱く意欲的な大学生たちと一緒になってつくった地図、③見過ごしがちなビューポイント(風景)、物語のある史跡、編集諸氏が見つけ出した路上の驚きを表現した地図、という個性的地図となった。地図はまちを一覧することのできる羅針盤の役割を果たす。まちに興味を抱く人びとは、地図の魅力をよく知っており、市民自身が地図づくりに関わることで、自らの「まちづくり」の基礎体力を向上させることができたようだ。

5-3 地区内サインの見直し

オリジナルマップ「歩いて見つける城山・覚王山」は、2万部作成したが評判がよく瞬く間に人の手に渡り残部も全くなくなってしまった。その後、増刷の声も強く寄せられたが、財源を確保できないまま地図づくりは一時停止せざるを得なかった。覚王山商店街が継続的に作成している地図のようにスポンサー付きの方法も何度か議論したものの具体化にはいたっていない。一方、実行委員会はこの地区におけるイベントを重ねて開催し、各方面からさまざまな市民がこの地区を訪問する機会が増えた。あらためて城山・覚王山地区の面白さを認識する市民が増えることにより、実行委員会のまちづくり活動の効果が見えはじめてきた。

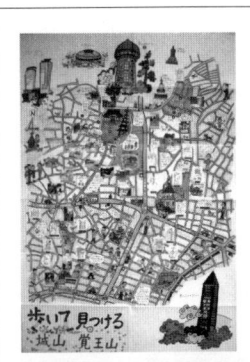

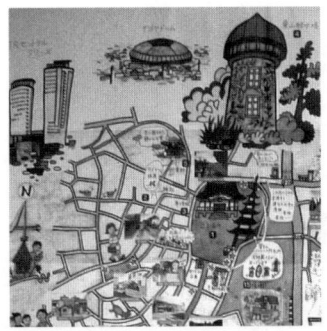

(写真9)市民が見つけた自然と歴史の掲載した手作りマップ

同時に、この町で開催されるイベント時に共通して寄せられる声が聞こえるようになってきた。多くの参加者から「会場の場所が分かりにくい」、「道で迷いやすい」、「ほかにもどこに何があるか知りたい」などの声が出はじめていた。「まちのわかりにくさ」がまちづくり活動の障害になっている可能性があった。実際、イベントのちらしに必ずこの地区の「わかりやすいマップ」を添付するにも関わらず、場所を訊ねる参加者が多いため、誘導係の配置が欠かせないのである。

しかし、マップだけでは自由に歩き回れないことも事実である。ここではマップを持った人びとでさえ道を訊ねるのである。現地に適切なサインが欠如しているためである。あらためて「手元のマップと、現地のサイン」の重要性に気がつかされる。まちづくり活動を円滑にすすめるために、どうしても分りやすいサインが必要である。「分りやすさ」は来訪者に対する最も重要なホスピタリティの表現であろう。楽しく散策できるまちのために、地図の改訂版もほしいが、現地でのサインを見直してみようということになった理由である。

2004年8月から翌年3月にかけて「城山・覚王山散策路サインづくりワークショップ」を実施した。概ね3つの段階で構成される。準備段階として、8月と9月に予備知識を得るための勉強会を開催した。8月には「城山・覚王山について学ぼう」いうテーマに33名が参加した。9月には「サインについて学ぼう」というテーマで、グラフィックデザイナーを講師に招いた。

この準備段階を経て、9月から11月にかけて4回の公募による市民参加のWSを実施した。10代の学生から70代のお年寄りまで約40名が協同作業をおこなったのである。9月23日「まちを歩いてサインを観察しよう」では、まち歩きをしながらサインの実際を現場視察した。10月8日「どんなサインが必要?」では、調査を踏まえてサインづくりの方針を議論した。10月22日「サインをデザインしよう」では、グループ別に意見交換をおこなった。11月5日「専門家の意見を聞こう」では、グループ毎の成果を発表するとともに講師より提案に対するアドバイスをいただいた。この段階で、まちの個性を大事にすること、通常のサインの範疇に止まらず提案することなど大きな方針を決定した(写真10)。

結果的に、発見したことがある。それは、「サインづくりを通じてまちの魅力や問題点を浮き彫りにすることができる」ということである。既存のサインに注目すると、まちの問題点を分析的な視点で認識することができる。将来のサインを考えることは、まちにどんな魅力があり、それをどのように多くの人に伝えることができるかという前向きな議論につながる。

5-4 城山・覚王山地区の魅力再発見

特定の地域のサインを見直すことについては、どの地域でも利用できる汎用性だけではなく、地域固有の計画が求められる。そのためにもこの地域が持つ歴史や地形などに関する特性を確認する作業は重要である。

今でこそ、城山覚王山地区は自然の残された交通至便な市街地を形成しているが、明治中頃までは雑木林の広がる丘陵地であった。1841年発行の「尾張名所絵図月見坂」には、名古屋城より高針街道を東に進み、最初に越える峠、月見坂から南東方向から上る月が描かれている。「月」はこの地域の地名に散

(写真10) サインとして必要な情報を交換する参加者

見され、「月見」の名所であった。江戸時代には、この地域に東西に2本、南北に1本の街道が通っていたことが知られている。東西の1本は、先ほど触れた高針街道であり、名古屋城下より名東区高針、日進市の岩崎、さらに東の藤枝で伊那街道につながった。もう1本は、ほうろく（焙烙）街道と呼ばれるもので、三河から焙烙と呼ばれる豆を炒るときに用いる素焼きの平鍋を城下に売る商人が行き来した道である。さらに南北の道は、今も地名にある四観音道である。四観音とは、城の北西の甚目寺観音、北東の竜泉寺観音、南東の笠寺観音、南西の荒子観音である。現在、これらの古道はいずれも往来の激しい車道から隠れた裏道となっており、その存在に気づく人は意外に少ない。

　明治37年（1904年）にこの地域に日泰寺が創建された。明治31年（1898年）にインドで発見された仏舎利（釈迦の骨）が、タイから日本に寄贈されたことからはじまる。大正7年（1918年）に仏舎利を奉る奉安塔が、本堂の北西、放生池を挟んだ谷筋の反対側に完成すると、この地域一帯が日泰寺境内として特徴づけられることになる。周辺には市街地から移転してきた大龍寺をはじめとする複数の寺社、松坂屋伊藤家の別荘である揚輝荘なども配置され、個性的なゾーンを形成した。この地域とアジアとのつながりの源泉がここにある。

　昭和4年（1929年）には、南側の田代地区を中心とする土地区画整理事業がはじまる。昭和12年（1937年）に開園した東山公園により、覚王山が終点であった市電も東山まで延長された。

　名古屋市街地が急激に拡大するなかで、この地区は徐々に市街地に飲み込まれていくことになる。城山・覚王山地区の景観的な最大の特徴は、地形にあるといっても過言ではない。名古屋市中心部が、平坦地に碁盤目の道路で区切られた人工的空間構成を特徴としているのに対し、名古屋には珍しく起伏のある地盤を形成している。起伏のある地形には、当然ながら等高線に沿った曲がりくねった道と、等高線を横切る坂道とが共存している。こうした道や坂は、思いがけず出会うビューポイントをあちこちに作り出す。

　第2の特徴は、自然と歴史要素の多さである。中心市街地は、人工環境による未来的な空間へと移り変わろうとしているが、城山・覚王山地区には、まだまだ人里近い里山風景を彷佛とさせる雰囲気が残っている。昭和初期の別荘である揚輝荘の池泉回遊式庭園や、城山八幡宮の雑木林など、自然破壊が深刻な現代であるからこそ貴重な自然要素がたくさんある。これらを背景に、複数の神社・仏閣、あるいは当時のよすがを偲ぶ近代建築など、一般的住宅地に見られない歴史的建造物が数多い（写真11,12）。

　もう1点景観上の特徴をあげる必要がある。まちに繰り出す人のにぎわいが作りだす個性的な表情がここにはあるということだ。覚王山といえば日泰寺、日泰寺といえば参道と商店街である。毎月21日の弘法様の日には参道両側に並ぶ屋台に誘われて大勢の人が詰めかける。商店街も折々に工夫をこらしたイベントを展開している。城山地区の神社仏閣では四季折々の行事が繰り広げられる。

　このまちには、ユニークな物理的環境と人びとの活動が織り成す個性的な景観が広がっている。城山・覚王山の景観には、この地域に昔から住んでいる人たち、あるいは周辺から訪れる人たちを問わず共有できる一定のイメージがある。地形であり、自然であり、歴史であり、そして祭りである。しかし、近年これまで継承されてきた景観に混乱が生じてきている。趣のある閑静な住宅街に、不似合いなマンショ

（写真11）昭和初期社交の場としてにぎわった揚輝荘内の聴松閣　　（写真12）末森城址の緑の中にたたずむ城山八幡宮

ンが建ちはじめ、これまで共有されてきた景観のイメージが、現実の方から変わろうとしている。道路が拡幅され歩道などが整備され利便性は高まったものの、かつての風情ある建物が解体され、「地域らしさ」が失われようとしている。参道の趣も変わった。古い街道筋は人びとの記憶から失せようとしている。このことはこの地域に限った問題ではないが、だからこそ黙って見過ごすことができない。

日頃は気に止めていなかったものは無くなるとはじめて、その存在の重要性に気がつく。固有の景観的資源あるいは景観的財産の価値が地域の中に埋もれてしまい、十分認識されていないからかも知れない。あらためて、この地区特有の資源を探りだし、その価値を議論し、活用するための方策を考えることが求められている。

サインづくりは、「まちの分りやすさ」に寄与するだけでなく、そうした地域固有の資源を掘り起こし、活用することのできる有効な手段としての可能性を有している。

6．市民参加による学校の設計

6-1　地域施設としての小学校

「まちづくり」ということばには「行政が主導的に進めるハードな都市計画事業」と対局にある概念として「市民が主体的に進めるソフトな地域づくり活動」という意味がある。しかし、ハードと関わりのないソフトな市民活動のみを意味するものではなく、市民生活や市民活動を支えるインフラや公共建築を構想したり活用したりする接点がなくなったわけではない。むしろ、ハードにこそ住民の意志が取り込まれることが活動を活発化するためより重要になっている。

住まいの周辺には、幼稚園、小学校、中学校などの教育施設、高齢者や子どものための福祉施設、健康を支える医療施設、図書館や市民文化会館などの文化施設などさまざまな公共施設がある。公共サービスを実際に提供する場であり、市民の税金により建設され、運営されている。しかしながら、毎年どのくらいの維持費が費やされているのか、そもそも誰が構想しデザインを決定しているかは、関心ごとではない。設計した建築家が誰であるかなど、知る由もない。

市民は、どんな公共施設が必要なのか、どこに設けるべきか、どんな機能が必要か、どんな形態が地域にふさわしいかを考える権利と責任がある。しかし、自分の身に直接関連しない公共施設となると、無関心で、建設されたものの不便で利用されない公共施設の事例は少なくない。

小学校は、義務教育を支える重要な施設であり、6歳から12歳までの義務教育初等段階の子どもたちが学習をする教育施設である。都市計画の領域で近隣住区という考え方があるが、小学校区を中心とする日常徒歩圏をまちづくりの単位としてとらえるものであり、まちを計画する際の基本的な単位でもある。子どもが通う施設ではあるが、子どもを介して地域が連携する単位でもあり、自治組織の基本となることも多い。その意味で、かつて小学校は地域住民の活動の拠点でもあった。地域の集会、行事の中心であったといえる。地域コミュニティの重要な意思決定をおこなう場として、あるいは地域住民が大挙して参加するリクレーションの場でもあった。

しかしながら、社会が成熟し、学校以外の公共施設が整備されるようになる。集会のための公民館、

情報を手に入れるための図書館、文化活動の鑑賞や発表の場であるホールや美術館、あるいはさまざまな競技に対応するスポーツ施設などである。また、生活者そのものが平日には近隣住区から離れた職場で大半の時間を過ごし、休日にも遠隔地の行楽に出かけるなど、行動範囲も大いに広がり地域に密着した生活者が少なくなってきている。

いわば小学校は、本来の目的である子どもたちの教育施設としての機能に純化されてきているともいえる。機能が純化された小学校には、通う子どものいない世帯にとっては日常的には縁のない公共施設になってしまった。小学校が、子どもたちとそれを教える教師たちの専用施設として特化している。学校が地域から孤立する理由である。しかし、地域コミュニティが疎遠な社会であるからこそ、小学校を地域施設として再認識し、新しい取り組みが全国ではじまっている。地域のコミュニティスクールとして、地域開放に止まることなく、地域施設を前面に押し出す方式である。

もともと、小学校は、多くの子どもたちを受入れるために全国津々浦々を整備する必要があった。また、学ぶべき内容や方法すべてに亘り文部科学省が学習指導要領として提示しており、統一スタイルを受入れやすかった。したがって、どこでも同じスタイルの画一的で経済的で一定の質をもった学校建築を要する建物である。そのために、国は学校建設に対する補助金制度を整備し、標準設計といういわば規格的な設計図を予め用意して、一定の質に保たれた大量の教育施設を短期間に経済的に整備するシステムを強固に構築してきた経緯がある。したがって学校建築といえば、どこでもほとんど同じ仕組みとスタイルで出来た代わり映えのしない公共施設として存在しているのである。しかし、市民参加の流れの中で、市民の意見を積極的に取入れる手法が検討されている。

6-2　城郭跡の歴史を継承する小学校

亀山西小学校（三重県亀山市）は、歴史的、景観的に個性的な立地条件をもつ。学校敷地は土塁に守られた、かつての亀山城跡地そのものである。城は自然地形を活かした高台にあり、鈴鹿山系を一望していた。前面道路の反対側には三層の市庁舎が対峙している。亀山市で最も歴史ある小学校であり、市民の思いが幾重にも積み重ねられている。しかし、当時の姿形を明らかに伝承するものは、多聞櫓と呼ばれる遺構だけである。貴重な歴史財産としての土塁も、校舎改築の議論がスタートするまでは知る人ぞ知るのみで、長年忘れ去られてきた。

老朽化に伴う校舎改築の論点は、この立地特性をどう活かすことができるか、将来の亀山のまちづくりのシンボルとしてどんな可能性を示すことができるか、であったといえる。

本格的計画設計の第1段階は、1999年1月から2001年7月まで開催された市の専門職員による9回の改築検討委員会である。これを受け、より多くの関係者の知恵を集めた亀山西小学校改築事業懇話会による第2段階の検討段階に入る。筆者はこの段階から参加した。01年9月から02年3月まで7回の全体会議と4回のワーキング会議を重ねた。市民2名、PTA3名、新校舎建設期成会2名、自治会2名、文化財専門委員1名、学識経験者3名、教員2名、校長、教育長、助役各1名、計22名による検討である。

委員会の最大の議題は、既存校舎を使用しつつ機能的整合のとれた必要規模の学校に建て替えることが可能かどうかであった。もともと狭い敷地でもあり、別敷地を確保してはどうか、土塁を埋め立ててはどうかなど、敷地確保のための提案がなされた。研究室では議論の判断材料を提供するために、旧来の敷地を前提とする複数の配置案をその考え方とともに模型として提示した。このプロセスを通じて、当該敷地での建替えが可能であることを示すことが出来た。何よりも、この地域の歴史的意義と遺産の保全保護の必要性、城郭跡地にふさわしい景観の重要性などを共通認識できたことは、大きな成果であった。

　これらの成果は、城郭跡地にふさわしい形態的配慮、鈴鹿山系を望む視線の確保、狭い敷地の有効利用などの基本方針として、設計者選定プロポーザルの要項に示された。厳しい条件ながら、体育館・プールを地上階に配置しながらもコンパクトな平面を実現できた (写真 13,14)。

　新しい学校では、開放的な職員室と校長室が教員と子どもたちの日常の自然な交流を促している。校舎中央にある中庭では、エネルギーいっぱいの子どもたちの歓声が響き渡っている。引き続き隣接する公園整備事業に関わりながら、学校が子どもを通じて地域を培う力、将来のまちづくりに資する力の大きさを再認識している。

6-3　5校を統合した木造小規模校

　巴ヶ丘小学校（愛知県豊田市）は、過疎化の進行する山間地域の5つの小学校を統合した学校である。学校統廃合プロジェクトは、地域の学校の歴史に幕を下ろす決断と、次世代を担う子どもたちにふさわしい学びの環境を創造する期待とを同時に抱えながら進行する。旧下山村に7つあった小学校のうち5つが関与した事業であり、長年にわたる紆余曲折の議論がおこなわれてきた。建設予定地は、5つの小学校のうちのある小学校の敷地に決定された。2001年4月に統合小学校建設実行委員会が発足し、筆者も委員として議論に加わった。

　委員会の下には、施設設備部会、開校準備部会、閉校対策部会が設けられた。施設整備部会において、敷地予定地に対する立地上の問題点（日照不足、開発面積の拡大、軟弱地盤、災害時の危険性、狭小な敷地など）を指摘し、意見を求めた。幸い隣接する高台を敷地とすることが実現可能となり、不安要素改善のために大きく前進した。

　強く求められた木造校舎の実現については、山間地域でありながらいくつかの課題を解決しなければならなかった。産業構造の変化や人材不足から地域木材の供給システムが衰退する状況で、補助金の申請、技術的問題もあり多くのエネルギーが投入された。折しも県内で開催されていた環境万博（愛・地球博）のテーマに沿って、博覧会施設に使用された木材の再利用が実現したことは象徴的であった。

　平面計画においては、教室周りの空間構成に関して議論を重ねた。もともとクラスあたりの児童数は少なく、さまざまな活動を展開できる面積確保が可能な状況であった。長年、複式学級を担当してきた現場教師との意見交換を経て、生活の総体を重視する低学年エリアに対してはオープンスペースを導入したが、高学年につてはむしろ各教室を充実させる方向性を打ち出した。

　この計画プロセスにおいては、子どもや村民の思いをキャッチするためのいくつかの働きかけを試みた。

(写真 13) 立地の歴史的景観と文化的価値が再認識された（亀山西小）　(写真 14) 狭い敷地ながら大屋根のある中庭は人気の場所（亀山西小）

5つの小学校で以前から実践を重ねている合同学習の時間に、学校建設に向けてのWSを実施した。「私の学校自慢」(低学年)、「私の学校の歴史」(中学年)、「学校の改造計画」(高学年)というテーマをそれぞれ掲げ、学習成果の発表の機会を得た。村民の意識を知るための簡易アンケートも実施した。合わせて廃校になる小学校の活用計画案を、建築系大学生の有志で練り上げ、建設実行委員会のメンバーに披露した。

山の5つの小さな学校が、ひとつになって新たな歴史を歩みはじめた。青い空、緑の山を背景に赤い大屋根が映える校舎が誕生した。地域の拠点として認知されるためにも、子どもたちだけでなく、多くの村民に気軽に立ち寄ってほしいものである(写真15,16)。

7. おわりに

本稿では、環境共生時代のまちづくりリテラシーの理念と事例について記述した。まちづくりにおける環境共生とは、地域に根ざして生活する市民が、地域の風土や歴史が培ってきたソフトからハードにいたる財産を活用しながら生活を楽しむ知恵であるといえる。自然エネルギーを有効利用する、石油エネルギーを浪費しない、循環型の建物サイクルを考える、といった技術上の手法は、市民の意識が高まればますます発展するであろう。地域に育つ子どもたち、地域に生活する市民の環境に対する意識のあり方こそが重要であり、そのためのまちづくり学習である。

(写真15) 学校建設に向けて子どもたちも意見交換(巴ヶ丘小)

(写真16) 愛知万博で使用された木材を再利用した校舎(巴ヶ丘小)

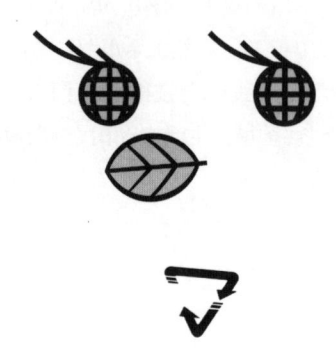

第9章 アメリカ合衆国の公有放牧地における生態系保全政策の歴史

ホームステッド法（1862）前後からテーラー放牧法（1934）にいたる期間を対象として

奥田郁夫

1. はじめに

アメリカ合衆国の公有地（public lands）に関しては、今日までに数多くの研究がなされている。その理由は、公有地がアメリカ合衆国の成長の過程で国家に新たに編入されてきた土地であり、公有地に関しての研究は、国の成り立ちを問うことにほかならないからである。

本稿では、公有地の歴史のすべてを論じることができないので、とくにホームステッド法（Homestead Act、1862）の成立前後から、テーラー放牧法（Taylor Grazing Act、1934）の制定にいたる時期について考察の対象とする。その際、まず第2節でテーラー放牧法にいたる時期に、公有地の民間への払い下げが進められた経緯について検討する。さらに第3節において、払い下げの方針が、残された公有地の連邦政府による保有へと転換されていった経緯を明らかにする。

公有地の払い下げは、建国直後の連邦政府が財政的に窮迫しており、その収入を土地売却に求めた、という点にある(*1)。トマス・ジェファソン（Thomas Jefferson、初代国務長官）は、「連邦政府が小さな農家（自作農家；筆者註）に公有地を区画ごとに売却し、その結果、かれらがジェファソンの理想とする経済的な自立性を獲得することを望んだ」(*2)。このような政策目標も、公有地の処分を後押しした。

つぎに、連邦政府による公有地保有への政策転換は、その生態系「保全」(*3)（「保護」も含めて）のため、という理由が大きかった。初期には、セオドア・ルーズベルト（Theodore Roosevelt、以下、T・ルーズベルト）とギフォード・ピンチョ（Gifford Pinchot）およびジョン・ミューア（John Muir）が、そして、完成期には、フランクリン・ルーズベルト（Franklin D. Roosevelt、以下、F・ルーズベルト）が、そのような政策を推進した。テーラー放牧法は、その実現のために制定されたのであった。

詳細は以下に述べるが、19世紀の末頃までには、良質で安価な木材を供給できるような森林が大きく減少した。このことが、資源の保全を目的とした国有林創設の必要性を高めた。また、その国有林野に広く展開していた公有放牧地の荒廃は、放牧を直接連邦政府が規制する必要性を強めたのであった。このような背景から、上記の保全への動きが説明できる。

2. ホームステッド法（1862）にいたる経過

1934年に成立したテーラー放牧法以前の時期を本稿では、「公有地払い下げの時代」と呼んでおきたい。建国以来、ホームステッド法の成立を経て、1934年にいたる時期である。

アメリカ合衆国は独立戦争において、独立を求めた13州に徴税権がなかったために、そもそも戦費の調達が困難であった。その結果、独立戦争後に、兵士たちへの多額の給与未払いが残るような財政状態にあった(*4)。

以上のような国家財政の必要性からも、独立後アメリカ合衆国に新たに編入されていった土地は、連邦政府にとって重要な資産であった。

さきに触れたジェファソンの「自作農家」創出への期待とは別に、アレキサンダー・ハミルトン（Alexander Hamilton、初代財務長官）は、公有地を大規模な区画として、規模の大きい事業者に売却することで、できるだけ処分のための費用を少なくしつつ財政収入を得たいと考えた。両者の妥協の産物と

(*1) Muhn and Stuart[1988:2]。なお詳細については、友清[2001]や、阿川[2004]など参照（以下、[ ]内は、文末の参考文献からの引用を示している）。

(*2) Muhn and Stuart [1988:7]。

(*3) 本稿における「保全」(conservation) の定義は、ピンチョのいう「科学的な管理にもとづき、生態系の持続的な維持をはかろうとすること」としておきたい。また、「保護」(preservation) とは、ミューアのいう「あるがままの自然を、あるがままに保護すること」という意味で用いる。

(*4) 阿川尚之によれば、「各州は独立戦争の戦費負担を約束したものの、戦争が終わるとなかなか払おうとしなかった。1781年に、連合議会は800万ドルの拠出を求めるが、集まったのは50万ドルに過ぎない。その結果独立戦争を戦った兵士たちに給料を払うことができず、1783年には軍が叛乱を起こしそうになったほどである」[阿川 2001:60]。

して、1796年土地法（Land Law）が成立した。この法律では、「土地は1エーカー当たり最低価格2ドルで、どれだけでも購入できる」とされたのであった。この時には、ジェファソンが自作農の創設のためにと望んだ土地の無償譲渡は実現しなかった(*5)。

ただ、この法律では、最小購入単位が640エーカー（1エーカー＝約0.4ヘクタール）と大きく、「自作農」になりたいと希望する入植者には、容易に購入できるものではなかった。そのため、公有地の処分は思うようには進まなかった。そこで、新たな工夫が凝らされることになった。

たとえば、土地法（1800）においては、購入単位が320エーカーと半分になり、かつ、支払いも4年間猶予されることになった（ただし、土地競売時点で一括して支払えば、8％が割引かれた）(*6)。その結果、公有地処分面積は増加した。さらに1812年の米英戦争の結果として、農産物価格が上昇したことにも刺激され、農民および投機家への土地販売量が増加した(*7)。

以上のような公有地の処分を通じて、1836年頃までには連邦政府の財政上の債務は解消した、とされている(*8)。公有地の処分収入によって、連邦政府の自由度が増した。これまで無償譲渡による公有地の処分に関して積極的になれなかった政府が、自作農になりたい西部地域の「違法な占拠者」（squatters）に政策的配慮をすることが可能となった。また、このような自作農家の法的な権利の確保に配慮できるようになったことが、社会的な安定にもつながっていく。

以下、この間の経緯をみておきたい。まず、①優先的買取権法および②「卒業」法によって、有償ではあるが低価格での公有地処分が加速された点、および、その総仕上げともいえる③ホームステッド法の成立についてみてみる。

①優先的買取権法（Preemption Law、1841）

この法律は、みずから入植した土地に関して、「21歳以上の世帯主、未亡人、あるいは単身者」に、160エーカーまで最低限の単価で購入・登記することを、一回限りの特権として認めた(*9)。

②「卒業」法（Graduation Law、1854）

さらに1854年には、これまで処分の対象とされながら売れ残っていた公有地について、低価格での売却が決定された。土地が売れ残ったのは、その土地がより劣悪な条件（たとえば、土壌の条件が悪いなど）にあったためである。このような土地に関して、たとえば10年以上売れ残ったものは、1エーカー当たり1ドルなどの価格で売却されることになった。これを提案した上院議員のトマス・ベントン（Thomas H. Benton）は、このような処分によって、既に入植してしまっている人びとに土地を安値で売却しようとしたのであった(*10)。

以上の①と②とがあいまって、公有地の処分がより進んだ。

(*5) Muhn and Stuart [1988:6-7]。
(*6) Muhn and Stuart [1988:8]。さらに、土地法（1804）では、最小単位が160エーカーになり、かつ支払い猶予期間も延長された [Muhn and Stuart 1988:9]。
(*7) Muhn and Stuart [1988:9]。
(*8) Muhn and Stuart [1988:9]。
(*9) Muhn and Stuart [1988:13]。
(*10) Muhn and Stuart [1988:13]。

③ホームステッド法(Homestead Act、1862)

しかしながら、西部地域への入植者たちの望みは、「無償の土地」取得であった。みずからリスクを負って入植し、開拓した土地に関する権利が無償で認められることが、西部開拓者たちの希望であった。すでにみたように、1840年代には公有地の無償での処分も可能な状況がみられた。ただ、ホームステッド法に極めて近い法律が1860年には議会を通過しながらも、政治的なさまざまな事情によってジェイムス・ブキャナン大統領（James Buchanan）の拒否権にあって成立しなかった(＊11)。

最終的に、ホームステッド法が成立したのは、1862年であった。この法律は、先にみた優先的買取権法にもとづき「世帯主、未亡人あるいは21歳以上の単身者に対して、160エーカーの土地取得の権利を認める」ものであった。この法律により「土地の権利証書が、5年間の居住および耕作によって発行される」ことになった。時の大統領は、エイブラハム・リンカーン（Abraham Lincoln）であった。

しかしながら、この法律によっても、すべての人に土地所有が可能になるというわけではなかった。1900年までに申請のあった130万件ほどのうち、実際に土地の権利が認められたのは、およそその半分にすぎなかった(＊12)。

ポール・ゲイツ（Paul W. Gates）によれば「ホームステッド法は、政府が公有地を財源として使う施策を終わらせようとしたさまざまな動きの最終点であった」(＊13)。

3．テーラー放牧法制定に至る経過
3-1　テーラー放牧法に至る背景

1934年のテーラー放牧法成立以降を、「公有地管理の時代」と呼んでおきたい。ここでは、森林保全の必要性が高まった時期から、公有放牧地のリース方式による管理制度（テーラー放牧法）の確立にいたる期間についてみてみたい。

1848年には、カリフォルニアで金鉱が発見され、この頃から西部開拓のフロンティアは急速に消滅に向かう。そして、西部地域の開発ともあいまって、利用可能な森林は急速に伐採が進んだ。「1800年代の終わり頃までには、森林は急速に消滅しつつあった」(＊14)といわれている。

そのため、初期の生態系保全の努力は、公有林野に焦点をあてたものになった。たとえば、1891年には、一般公有地改革法（General Public Lands Reform Law）が成立したが、この法律中には森林保全のための一項（Section 24）が含まれていた。具体的には、「この項目によって大統領は、全体が森林に覆われているか部分的かを問わず、その土地を定住（settlement）や賃貸（location）から引き上げて、公有地として留保できる」とした。

そして、同年、イエローストーン国立公園（Yellowstone National Park）に隣接して最初の保安林（forest reserve）が創設された。さらには、1897年に森林管理法（Forest Management Act）が制定された(＊15)。

第1次世界大戦(1914-18)後、干害による農業生産の停滞、および条件のよい農業適地の減少によって、ホームステッド（自作農化）が停滞した。しかしながら、公有地上の農業不適地ですらも、多くの自営放

(＊11) Muhn and Stuart［1988:14］。
(＊12) Muhn and Stuart［1988:14, 16］。
(＊13) Gates［1963:28］（ただし、原論文のページである）。
(＊14) Muhn and Stuart［1988:28］。
(＊15) 以上、Muhn and Stuart［1988:28］。また、ロビンスによれば、一般公有地改革法は、後に保安林法（Forest Reserve Act）と呼ばれるようになる。1891年～92年の財政年度の間に、ベンジャミン・ハリソン大統領（Benjamin Harrison）は6つの保安林を創設したが、そこには300万エーカーにもおよぶ価値の高い森林が含まれていた［Robbins 1976:304-305］。

牧農家が生計の維持のためにこれを利用した。

　そのような放牧農家にとって、同じ放牧地を毎年継続的に利用できる、という保証はまったくなかった。また、牛肉価格の低さのためもあり、かれらは公有放牧地において、短期的に収益を得るために「過放牧」状態をもたらしたのであった。そもそも牧場主の数そのものが過剰であったが、過放牧状態とあいまって、自分たち自身の放牧地がよって立つ基盤である生態系を破壊しつつあった。このような、公有地上の過放牧状態の解決は、西部の家畜産業にとって長年の懸案であった。1870年代にはすでに牧場が供給できる以上の家畜が（牧場に）いた、とされている(*16)。

　1900年までには、牧場主たちの一部は、公有地のリース方式による放牧を望んでいた。そして、1905年にはT・ルーズベルト大統領の公有地委員会（Public Lands Commission）は、このような方式を推奨した。しかしながら、このときには議会がこれを認めず、逆に、ホームステッドが強化される、という経過をたどった。そのため、テーラー放牧法の成立には、F・ルーズベルト大統領の時代を待たなければならなかった。

3-2 「公有地管理の時代」を形成した2人：T・ルーズベルトとギフォード・ピンチョ

　つぎに、「公有地管理の時代」を形成した重要な2人について述べたい。まずは、T・ルーズベルトからはじめたい。

　T・ルーズベルトは、1901年から1909年まで大統領職にあった。その人となりを「全米保全委員会報告書伝達時の大統領特別声明」に探ってみたい。

　たとえば、つぎのような記述がある。「政府の役割は、すべての国民に、現在もこの後も、彼らの生命と自由、および幸福を追求する権利を保障することである。もしも、現在の世代のわれわれが、さもなければわれわれの子どもたちが暮らしの糧となったであろう資源を破壊してしまったとすれば、われわれはこの国土が扶養できる人口収容力を減じてしまうことになり、結果的に、生活水準の低下、あるいは、後継世代のこの大陸での生活の権利を奪うことになる」(*17)。

　以上のような思想にもとづいて、T・ルーズベルトはさまざまな生態系保全政策をとることになった。

　これも一例であるが、かれは大統領在職中に50を越える野生動物保護区（wildlife reserves）を創設した。また、1905年には、農務省内に、森林管理局（Forest Service）を設置し、これに保安林（後の、国有林 national forests）を管轄させた。また、翌年には、公有地上の歴史的保存物の保護を目的とした遺物保護法（the Antiquities Act）の成立に尽力した(*18)。

　このようなT・ルーズベルトの生態系保全への努力については、「公有地の連邦政府による保持を、保全計画の基本としていた」(*19)といわれている。つまり、公有地は処分しないで、連邦政府が管理する、という考え方であった。

　つぎにギフォード・ピンチョであるが、彼の考え方の基本は、とても抽象的な表現だが、「最大多数の人びとに対する、可能な限り長期にわたる、できるだけ大きな善」というものであった(*20)。

　木材生産で富は得たが、その過程で林野に与えた被害を悔いたギフォードの父親ジェイムス（James）

(*16) Muhn and Stuart [1988:35]。
(*17) Muhn and Stuart [1988:30]。
(*18) Muhn and Stuart [1988:31]。
(*19) Dana and Fairfax [1980:72]。
(*20) Dana and Fairfax [1980:72]。

は、森林の保全を使命と考えるようになり、息子にその作業を委ねた、という。ギフォード・ピンチョは、「自然資源の経済的にもっとも効率的な使用を目標とし、無駄は彼の大いなる敵であった」といわれている(*21)。

そして、この2人の出会いである。T・ルーズベルトは、1901年、ウィリアム・マッキンリー大統領 (William Mckinley) の暗殺を受けて、副大統領から大統領となった。この機会に、ピンチョは友人とともにT・ルーズベルトに働きかけをおこない、大統領の政治課題のひとつに、森林と水資源の保全を含めるよう、要望した。これに対して、大統領は、最初の議会への教書中に、これらの課題として何を盛り込むべきか、具体的な資料を整えるよう彼らに依頼をした、という(*22)。

これが、T・ルーズベルトとピンチョの出会いであった。2人の関係は、T・ルーズベルトが退任する1909年まで続いた。ピンチョは、T・ルーズベルト政権の生態系保全活動の背後にあって、実際に権限を行使していた人物であり、T・ルーズベルトがワシントンで誰よりも多く相談した人物であった、という(*23)。

二人三脚の強いイニシアティブによって、1903年ころまでには、森林の所有者や、森林および木材関連の雑誌社との間に、森林の保全に関する合意が形成されていった。森林資源の急速な消滅と、長期にわたるその育成期間を考えれば、森林の所有者の利益にもかなう森林の保全は当然といえば当然のことであったろう(*24)。

しかしながら、企業的な森林経営者とはくらべものにならないくらい数が多い自営放牧農家については、そう話は簡単ではない。

そもそも公有地上の放牧農家の数そのものが過剰といわれた上に、その放牧の実態が「過放牧」であり、結果として生態系の保全が困難な状況にあった。そのため、公有放牧地上の家畜に課金 (charge) することが検討された。この課金制度では、放牧頭数が多ければ多いほど農家への課金総額が多くなるため、面積当たりの放牧頭数を抑制できるはずである、ということであった。しかし、放牧農家からは猛烈な反対にあうことになった(*25)。

しかしながら、このような反対も1930年代初期には変化がみられるようになった。ひとつには、1928年に試みられた放牧区制度 (grazing district) の成功があった。これは、特定の地域をかぎってその地域内の放牧農家の団体 (stock operators) にその管理を、課金制度にもとづくリース方式で委ねる、というものであった。この試行が成功したため、個人 (世帯) 単位での課金制度にもとづくリース方式が、受け入れられやすくなった、といえよう。結果的に、F・ルーズベルトが大統領に就任するや、テーラー放牧法が成立することになった(*26)。

最後に、ピンチョにとって「保全」(conservation) とは、どのような意味をもつものであったのだろうか、みておきたい。かれは、科学的管理 (scientific management) という考え方に重きをおいていた。とくに森林の保全に関して、その収量を森林の成長の範囲内に止めるべきこと、などを重視した。この点は、ミューアと異なる。ミューアは、どちらかといえば「あるがままの自然を、あるがままに保護すること」を重視した。ただ、生態系が維持されてゆくべきことの重要性に関しては、両者に共通する部分があるので、2人の考え方を単純に対立する2つの思想と理解することは必ずしも正確とはいえない。人間の経済活動にとも

(*21) 2006年10月現在の、http://en.wikipedia.org/wiki/Gifford_Pichot による。
(*22) Dana and Fairfax [1980:72]。ピンチョが森林局 (Division of Forestry) の長官になったのは、1898年であったが、ウィリアム・タフト (William Howard Taft) が大統領になった1910年には、森林管理局の長官を罷免され、退職した (この間の経緯に関しては、[Dana and Fairfax 1980:69, 71] を参照)。
(*23) Robbins [1976:337]。
(*24) Robbins [1976:341]。
(*25) Robbins [1976:342] および Dana and Fairfax [1980:89]。ただ、公有地上の放牧に対する課金制度そのものは、1906年に実現した。また、連邦最高裁判所によって、同制度の妥当性も確認された (詳細は、Dana and Fairfax [1980: 89] 参照)。
(*26) Dana and Fairfax [1980:159-160]。最初の放牧区が開かれた場所は、Mizpath-Pumpkin Creek Basin, Montana であった。

なう自然（資源）の利用と、その保護・保全の両者の均衡を、どのような場合に、どのようにはかっていけばよいのか、残念ながらわたしたちにもまだ明確な指針は得られていない。

3-3　テーラー放牧法の成立とF・ルーズベルト

以上のような経緯で1934年に成立したテーラー放牧法であるが、ここでは、法律の概要およびF・ルーズベルトに触れておきたい。

まず、テーラー放牧法の概要である。ひとことでいえば、テーラー放牧法は、公有地の連邦政府による囲い込みと、リース方式によるその管理強化である。連邦政府は、公有放牧地の管理を強化することで過放牧を防止し、結果として生態系の保全に資することを目的としていた[*27]。

しかしながら、つぎに述べるような政治的な事情によって、課金制度には初めから大きな欠陥が埋め込まれることになった。

テーラー放牧法成立当時の内務省長官は、ハロルド・アイクス（Harold Ickes）であった。アイクスは、放牧料率（grazing fee）を最低限の管理費の水準に設定することによって、森林管理局に対抗してその権限を内務省のものとしようとした。しかし、その結果、放牧料率の水準が過小となってしまった[*28]。

以上の結果、放牧料率が私有地と比較して低く抑えられることになり、結果的には、過放牧状態の解消には結びつきにくい、という状況になった。もちろん、1930年代が大不況からの回復期であり、そもそも高い放牧料率を小規模な公有放牧地上の放牧農家が支払えた、とは考えにくいので、このような時代背景もまた政治的な判断に大きく影響したであろうことは想像に難くない。

ともかくも、「ある意味で、テーラー放牧法が保全のための手段である、ということは適切であろう。なぜなら、テーラー放牧法は、公有地を自由に利用できる時代に終止符を打ったからであった」[*29]。

最後に、F・ルーズベルトに触れておきたい。かれは1933年から1945年まで大統領を務めた。T・ルーズベルトとは従兄弟同士である。世界恐慌からの脱出をめざして「ニューディール」を提唱したことでよく知られている。

F・ルーズベルトも、従兄弟と同様に自然の保護・保全に熱心であった。一例であるが、1936年のある演説でつぎのように述べている。

わたしは、ワシントンに来るずっと以前から、緑の野と清澄な水の流れにいたる長い道のりは、十分な成果をうるべく着手されなければならない、と確信していた。棉花栽培農家が、かれの収穫に対して1ポンド当たり5セントしか手にいれられないとしたら、かれは自分自身の土地に適切に肥料を与えることも、また、土壌の流亡を防ぐために階段状に耕作したり、あるいは作物の輪作をすることもできないであろうということは、わたしには自明のことのように思われる[*30]。

全国的な植林活動は、ニューディールの一環ではあったが、かれの真の願いの実現にいたる道のひとつでもあった。

[*27] テーラー放牧法（1934）；「テーラー放牧法は、公有地を放牧農家にリースすることによって、…過放牧と土壌の劣化を予防し、…公有放牧地への損傷を止めようとした」[Muhn and Stuart 1988:37]。

[*28] Dana and Fairfax[1980:160-161]ならびにKlyza[1996:113]。

[*29] Dana and Fairfax[1980:161-162]。

[*30] Henderson and Woolner[2005:15]。F・ルーズベルトがハイドパークHyde Parkをこよなく愛したことや、かれと従兄弟のT・ルーズベルトとの気質の違いなどについては、In Henderson and Woolner[2005], John F. Sears, Chapter 1 Grassroots Democracy: FDR and the Land, pp.7-17 参照。

4. おわりに

　連邦政府が、リース方式にもとづいて公有放牧地を管理する制度は、以上のような歴史を経て確立した。その結果、連邦政府の政策は、公有放牧地の放牧農家にひじょうに大きな経済的影響を及ぼし続けてきている。21世紀の現在もなお、公有放牧地の生態系保全は、アメリカ合衆国西部地域の重要な政策課題であり続けている。極端な場合には、公有放牧地の生産性の低さを指摘しつつ、生態系を保全することを優先するならば公有放牧地上のすべての放牧を廃止してはどうか、という提案までなされる(＊31)。

　しかしながら現状では、生計のために公有放牧地を必要とする人びとがいる、ということも事実である。したがって、公有放牧地の生態系保全は、これらの人びとの協力を得ながら実現がはかられてゆかなければならないことだけは確かである。

(＊31) Donahue [1999]。

参考文献

阿川尚之『憲法で読むアメリカ史(上)(下)』PHP研究所、2004年。
友清理士『アメリカ独立戦争(上)(下)』学習研究社、2001年。
Dana, Samuel Trask, and Sally K. Fairfax, *Forest and Range Policy Its Development in the United States* Second Edition, McGraw-Hill, Inc., 1980.
Donahue, Debra L., *The Western Range Revisited*, University of Oklahoma Press, 1999.
Gates, Paul W., The Homestead Act: Free Land Policy in Operation, 1862-1935, Reprinted from Howard W. Ottoson (ed.), *Land Use Policy and Problems in the United States*, University of Nebraska Press, Nebraska, 1963. In Paul Wallace Gates (ed.), *Public Land Policies*, Arno Press, 1979.
Henderson, Henry L. and David B. Woolner (eds.), *FDR and the Environment*, Palgrave Macmillan, 2005.
Klyza, Christopher McGrory, *Who Controls Public Lands? Mining, Forestry, and Grazing Policies, 1870-1990*, The University of North Carolina Press, 1996.
Muhn, James and Hanson R. Stuart, *Opportunity and Challenge The Story of BLM*, U.S. Department of the Interior, Bureau of Land Management, September 1988.
Robbins, Roy M., *Our Landed Heritage The Public Domain 1776-1970* Second Edition, Revised, University of Nebraska Press, 1976.

第 10 章 | 建築・都市の環境とエネルギー
原田 昌幸

1. 建築・都市を取り巻くエネルギー事情

1-1　わが国と世界のエネルギー消費の実態

　18世紀から19世紀にかけて起こった産業革命以降、世界のエネルギー消費は拡大し、とくに20世紀後半から現在にいたる急激な消費増は、ほとんど無資源と言えるわが国にとっては、国の経済をも脅かす重大事になりつつある。

　世界のエネルギー消費を地域別(図1:134頁)にみると、人口比率では10数％のOECD諸国（経済協力開発機構, Organization for Economic Co-operation and Development）が全体の約半分のエネルギーを使用している。しかし、その割合は減少しており、反対に発展途上国のエネルギー消費量が増加すると予想されている。なかでも経済発展が著しく人口も多いBRICsと呼ばれるブラジル（Brazil）、ロシア（Russia）、インド（India）、中国（China）の消費拡大は脅威ともいえる。現時点では世界のGDPの約8％を占めるに過ぎないBRICsの各国が、2050年には中国、アメリカ、インド、日本、ブラジル、ロシアの順になるとの予測がある[Goldman Sachs 2003]。

　世界のエネルギー消費を資源別にみると、最も割合が高いのが石油であり、1965年から2004年の平均増加率は全エネルギー消費の増加率とほぼ等しく、2.3％であり、2004年時点では、総消費量の36.8％を占めている。この間、とくに増加が著しかったのは原子力と天然ガスである。1965年から2004年の平均増加率はそれぞれ12.6％と3.5％であり、2004年時点で総消費量の6.1％と23.7％である。一方、かつては石油と並ぶエネルギー源であった石炭は、1965年の38.5％から2004年の23.7％とへと低下している。石炭についても需要に占める割合こそ減っているものの需要量自体は増加している[BP統計 2005]。原子力も増えてはいるが、まだ全体に占める割合は小さく、水力などの自然エネルギーもわずかであることがわかる。

　さて、わが国のエネルギー消費の推移(図2:134頁)であるが、1970年代の2回の石油危機以降しばらくの間は安定していた。ところが、1980年代後半から再び増加に転じ、1990年のバブル崩壊後の「失われた10年」と呼ばれる経済停滞のなかでも増加し続けた。増加の要因を部門別にみると、工場などの産業部門の消費は1973年に対して2001年では1.0倍とほぼ横ばいであるのに対して、家庭や商店・事務所ビルなどの民生部門のエネルギー消費がこの間に2.3倍に、自動車や鉄道などの運輸部門が2.2倍と大幅に増加している。

　石油危機を契機に1979年に「エネルギー使用の合理化に関する法律」（省エネ法）が制定され、その後何度かの改正により、効率的なエネルギー使用がはかられているが、民生部門と運輸部門ではエネルギー消費の圧力は大きく、消費量自体を抑えるにはいたっていない。

1-2　地球温暖化と京都プロトコル

　地球規模でのエネルギー消費の増大や経済活動にともなう開発が、地球上の生態系を破壊する可能性があるという認識が高まってきた。なかでも、地球温暖化は国際的課題として認識され、「気候変動防止枠組条約」の締結、「京都議定書」の策定と発効にいたった。この間の経緯を簡単に整理しておくと、

次のようになる。

地球の気温上昇と二酸化炭素濃度（図3：134頁）の関係が指摘されはじめたのは1980年代初頭である。1988年にカナダのトロント会合でCO_2の排出削減が提案され、同年、WMO（世界気象機関）の下にIPCC（気候変動に関する政府間パネル）が設置された。1990年のスイス、ジュネーブの世界気候会議、1992年の国連での「気候変動枠組条約」の採択と同年ブラジル、リオ・デ・ジャネイロの「地球サミット」での条約署名、「気候変動枠組条約締約国会議（COP）」（1995年～）の開催へとつながる。

そして、1997年12月に京都で開催されたCOP3において、先進国に温室効果ガス排出規制を課す京都議定書（京都プロトコル，Kyoto Protocol）（表1：134頁）が採択された。ところが最大のエネルギー消費国で温室効果ガス排出国であるアメリカが、2001年7月ドイツのボンで開催されたCOP6において「京都議定書」からの離脱を表明した。わが国は2001年11月モロッコのマラケシュで開催されたCOP7でアメリカ抜きでも批准することを宣言したが、55ヶ国以上の国が締結、締結した附属書Ⅰ国の二酸化炭素の1990年の排出量が全附属書Ⅰ国の合計排出量の55％以上、という発効要件（第25条）に阻まれ、2004年11月に排出量17.4％のロシアが批准して、ようやく発効にいたった。

京都議定書では、2008年から2012年までの期間中に、先進国全体の温室効果ガス6種（二酸化炭素、メタン、亜酸化窒素、ハイドロフルオロカーボン類〔HFCs〕、パーフルオロカーボン類〔PFCs〕、六フッ化硫黄）の合計排出量を1990年にくらべて少なくとも5％削減することを目的として、日本は－6％、EUは－8％の削減目標が設定されている。

京都メカニズムと呼ばれるクリーン開発のメカニズム（CDM）、排出権取引のメカニズム（ET）、共同実施のメカニズム（JI）、吸収源活動のメカニズムが盛り込まれてはいるものの、わが国の温室効果ガスの排出量は2005年時点で8.1％増加しており、実質的には14.1％削減する必要があり、目標達成が困難な状況にある。EU諸国も、1990年代に一時的に排出量が低下したものの、その後増加傾向にあり、目標達成は容易ではない。世界の二酸化炭素の排出量は今後も増加することが予測されており、課題は多い。

1-3　エネルギー資源の情勢

世界のエネルギー需給は、経済成長とともに増加の一途をたどっており、1965年の39億TOE（石油換算t）から、年平均2.5％の率で増加し続け、2004年には103億TOEに達している。その伸び方には、地域的な差が存在し、先進地域（OECD諸国）にくらべ、発展途上地域（非OECD諸国）で高くなっている。なかでもアジア太平洋地域の伸びは大きく、今後、一層の増加が見込まれている（図4：134頁）。

今後の資源別のエネルギー需給は、2030年まで現在とほぼ同じ構成で増加することが見込まれており、化石燃料に依存する構図は今後も続く。ところがその一方で、資源不足の問題が顕在化してきた。化石燃料の確認可採埋蔵量と可採年数は、石油が1兆1886億バーレルで41年、天然ガスが180兆m^3で67年、石炭が9091億tで164年［以上、BP統計2005］であり、石油については「オイルピーク」の到来が間近に迫っているといわれている。「オイルピーク」とは、石油供給量のピークである。化石燃料だけ

でなく、原子力エネルギーの原料であるウランの状況も同様で、可採埋蔵量が 459 万 t、可採年数が 85 年である [URANIUM 2003]。将来的には原子力エネルギーはプルサーマル発電や高速増殖炉の商用化が前提とならざるをえない。

エネルギー需要の伸びは資源不足に加え、価格高騰の問題もはらんでいる。1979 年の第 2 次石油危機の後、原油価格は 2002 年夏頃まで 1 バーレル 20 ドル前後で推移していた(図5:135頁)。ところが、アメリカのイラク侵攻の可能性が高まるにつれて上昇に転じ、2003 年春の開戦直前に 1 バーレル 40 ドルをつけた。さらにハリケーンによるアメリカの精油所の被害や産油国ナイジェリアでの反乱などが原因でニューヨーク商業取引所での標準原油価格が 1 バーレル 50 ドルを突破し、一時的には 80 ドルを超えた。これは投機的なヘッジファンドの資金が先物市場に流入したとされるほか、1993 年に石油輸入国となった中国の需要の増大、10 年から 20 年のうちに到来するといわれる「オイルピーク」なども価格高騰の要因であるとされる。石油不足が現実味を帯びるなか、残った石油資源の争奪戦が一層激しくなっており、今後は更なる高価格時代へとつながるものと思われる。

また、石油だけでなく、次に主要のエネルギー源である天然ガス資源の覇権争いもはじまっている。わが国に関しても、日本企業も参画した「サハリン 2」輸出 LNG プロジェクトのロシア政府による事業許可の取り消し、イランのカザフスタン油田権益の 75% から 10% への縮小、東シナ海の海底ガス田開発を巡る中国との確執など、懸念事項が相次いでいる。

こういった原油価格の上昇や資源争奪は、バイオエタノールの原料となる砂糖やトウモロコシの国際価格の急騰といった思わぬところにも飛び火している。その他の稀少金属資源などについても、近い将来資源不足にいたるのは必定で、同様の問題を有している。

1-4　わが国のエネルギー政策

エネルギー資源に乏しく、世界第 2 位の GDP を誇る経済大国である日本は、今後も安定した経済活動を営むために、種々の政策に取り組んでいる。政策は資源外交、石油依存率の低減、省エネの推進、緊急時対応の備蓄の 4 つに分けられる。

1) エネルギー資源の安定供給のための資源外交

エネルギーの輸入依存度が高いわが国は、エネルギー供給国との関係強化と、近年急速に需要が拡大しているアジア諸国の省エネ推進協力を課題としている。資源保有国であるロシアとは 2005 年に日露間でのエネルギー協力の基礎となる 2 つの文書が署名され、産油国であるイラクとは 2005 年に円借款等を活用した石油・天然ガス分野の復興支援と日系企業の活動支援を盛り込んだ共同声明を出している。最大の原油輸入相手国であるサウジアラビアとは官民双方で関係強化がはかられ、石油精製の技術支援や合弁会社の設立などが進められている。

アジア諸国の省エネ推進においては、中国とは省エネルギー・環境分野での積極的な支援策を、インドとは省エネ推進協力・エネルギー備蓄ノウハウ等の支援を、ASEAN 諸国ともアジア・エネルギー・パー

トナーシップの構築に向けた協力など、積極的な外交を進めている。

2) エネルギー源の石油依存低減

石油依存低減に向け、1980年に「石油代替エネルギーの開発及び導入の推進に関する法律」（代エネ法）が制定され、新エネルギー総合開発機構（NEDO）が設立された。処々の努力もあり1973年には77%とあった石油依存率が、2001年には49.4%まで低下した。

今後の代替の大きな2つの柱は原子力と新エネルギーの開発と推進である。新エネルギーについては「新エネルギー利用等の促進に関する法律」（新エネ法）が制定され、国や自治体、事業者、国民等の役割の明確化と金融上の支援措置等が定められ、2010年に原油換算で1,910万kl（エネルギー総供給に占める割合で3%程度）の数値目標が設定された。

原子力は積極的な政策がとられ、2004年時点では総発電量の29.1%を占めるにいたっている。2005年の「原子力政策大綱」では2030年以降も総発電量の30〜40%程度という基本指針が示され、使用済み燃料の再利用（プルサーマル）や、高速増殖炉の商業ベース導入などの方針が出されている。しかし、1995年の高速増殖原型炉「もんじゅ」のナトリウム漏れ事故、1999年イギリス核燃料会社（BNFL）のMOX燃料の検査データの不正、2002年の東電福島原子力発電所における自主点検記録の不正など、安全や信頼に係わる問題が懸念される。

3) 省エネルギーの推進

我が国の省エネルギー政策は、1979年の「エネルギーの使用の合理化に関する法律」（省エネ法）にはじまる。その後、エネルギー情勢の変化を受け、1993年に改正され、省エネルギーに関する基本方針の策定やエネルギー管理指定工場にかかる定期報告の義務化などが盛り込まれた。再び2002年にはエネルギー消費の伸びが著しい民生・業務部門における対策強化がはかられ、さらに2005年に改正され義務対象の拡大などがはかられた。

具体的には、トップランナー基準を導入した機器の効率改善、税制上の優遇措置や融資制度などが実施され、住宅・建築物については、住宅性能表示制度の活用推進や省エネルギー基準に適合する住宅・建築物への金利優遇や割増融資、高効率システムの導入助成などの支援をおこなっている。

4) 緊急時対応としての備蓄

1973年の第1次石油危機を契機に、「石油緊急対策要綱」が閣議決定され、これと並行して、「石油需給適正化法」と「国民生活安定緊急措置法」の緊急時石油2法が、さらに1975年に「石油備蓄法（現：石油の備蓄の確保等に関する法律）」（備蓄法）が制定された。また、国際的には、1974年には経済協力開発機構の下に国際エネルギー機関（IEA）が設置され、石油の備蓄が進められてきた。1990年の湾岸戦争の際にも、備蓄石油の放出により大きな混乱はなかった。2005年12月の時点で、わが国では約169日（民間79日、国家91日）の備蓄量にいたっている。LPガスについても、1981年に石油備蓄法

を改正し、LPガスの備蓄を民間企業に義務づけ、2006年2月の時点で約60日の民間備蓄を有している。

2. 建築のライフサイクルと環境負荷

2-1 建築分野のエネルギー使途

　一般に、エネルギーの使途は、民生部門（冷房、暖房、給湯など）、産業部門（工場、供給処理施設など）、運輸部門（車両、鉄道など）の3種に区分される。このうち、建築分野のエネルギー消費に相当するのが、民生部門であるが、先にも述べたように民生部門のエネルギー消費量の増大は著しい。民生部門はさらに家庭でのエネルギー消費を対象とした「家庭部門」と、事務所ビル、ホテルや百貨店、サービス業等の第3次産業等におけるエネルギー消費を対象とした「業務部門」に分けることができるが、両部門ともエネルギー消費量は増加している。

　もう少し詳しくみると、家庭部門におけるエネルギー消費量は1973年にくらべて、2003年では2.1倍となっている（図6：135頁）。家庭用機器のエネルギー効率は格段に向上しているにも関わらず全体としてエネルギー消費量が増加傾向にあるのは、機器の大型化と多様化によると推定される。図6は世帯あたりの用途別エネルギー消費の推移である。ここでは用途を、冷房用、暖房用、給湯用、厨房用、動力・照明他の5つに分類しているが、1965年度では冷房用（0.4%）、暖房用（31%）、給湯用（34%）、厨房用（16%）、動力・照明等（19%）であったものが、2002年度には冷房用（2%）、暖房用（27%）、給湯用（22%）、厨房用（7%）、動力・照明等（37%）と変化しており、動力・照明他の寄与が大きいことが明らかである。

　一方、業務部門におけるエネルギー消費量は1973年までは高度経済成長を背景に15%程度の増加率であったが、第1次石油危機を契機として省エネルギー化が進められ、微増の状態で推移した。ところが1980年代後半から再び増加へと転じ、1973年にくらべて2003年では2.3倍となっている。増加の最大の要因は、事務所や小売の床面積の増加である（図7：135頁）。単位面積あたりの業務用エネルギー消費（原単位）の推移（図8：135頁）をみると、1973年までは増加傾向あったが1973年をピークに減少し、1990年頃から再び増加したが、2004年時点でも1973年とわずかに増えたにすぎない。

　わが国では、1970年代の2回の石油危機を契機に、世界でいち早く省エネルギーに取り組んできており、建築分野では、住宅と非住宅（業務用建築）に区分されて進められてきた。住宅の省エネルギーの取り組みは、1979年の省エネ法を受けて、1980年に熱損失係数の基準（住宅の断熱性に関する基準）が定められたのが端緒で、その後1992年と1999年の改正を経て、現在にいたっている。現在では、先の基準に加え、夏期日射取得係数（日射の遮蔽に関する基準）、床面積あたりの相当隙間面積（住宅の気密性に関する基準）、年間冷暖房負荷（住宅の年間冷暖房負荷に関する基準）の計4つの基準について、日本全体を6つの地域に気候区分し、地域ごとに基準値を定めている（表2と図9：135頁）。

　一方、非住宅の建築物の省エネルギーは、PALとCECという2つの基準により進められてきた。PAL（Perimeter Annual Load, ペリメータ年間熱負荷係数）とは建物外皮（壁、屋根、窓など）の設計によって達成される年間を通した省エネルギー性能の評価指標であり、CEC（Coefficient of Energy Consumption, エネルギー消費係数）は設備類の省エネルギー性能の評価指標で、空調設備（CEC/

AC)、機械換気設備（CEC/V）、照明設備（CEC/L）、給湯設備（CEC/HW）、エレベータ設備（CEC/EV）に対して設定され、以下の式で、各設備の効率が評価される。

CEC ＝各設備のエネルギー消費量（計算値）／各設備の仮想負荷

　PALとCECの基準値も1979年の省エネ法を受け、1980年に制定されたもので、1985年、1991年、1993年、1999年の改正を経て、現在は事務所、物販店舗、ホテル・旅館、病院・診療所、学校、飲食店の6用途の建築物を対象に基準値が規定されている（表3：135頁）。業務部門のエネルギー消費原単位（床面積あたりの消費量）がそれほど増加していないのは、これらの基準によるところが大きい。

2-2　建築のライフサイクルとエネルギー消費

　さて、建築分野のエネルギー消費量は、まず民生部門（家庭部門と業務部門）のエネルギー消費であるが、これは、冷暖房や給湯、照明や動力などの集計であって、主として建築の運用にかかるエネルギー消費である。建築物のライフサイクルの視点にたつと、運用のほか、建設、保守・修繕、更新、廃棄などにも相当量のエネルギーを消費し、また同時に二酸化炭素などの環境負荷を与えていることになる。

　ある試算によると、ライフサイクルでの建築関連の二酸化炭素排出量は総排出量の36.1%を占める（1990年）とある。このうち、運用に係る二酸化炭素排出量が全体の2/3と大きな割合を占めるが、建設や更新、廃棄などが1/3あり、無視できない（図10：135頁）。

　日本建築学会をはじめとする建築関連5団体は「地球環境・建築憲章」を宣言し、建築の長寿命化、建築と自然環境の調和・生物との共存、生涯エネルギーの低減、再利用・再生素材の活用、地域の風土・歴史との調和を目指すことを表明しているが、いずれも、ライスサイクルの視点にたった、建築物と地球環境とのかかわりについての認識が根源にある。空気調和・衛生工学会も『空気調和・衛生設備の環境負荷削減対策マニュアル』を出版し、モデル事務所建物のLCCO$_2$の削減の検討事例などを紹介し、ライフサイクル評価の考えを広めようとしている。図11（136頁）は伊香賀らの試算であるが、省エネルギーの工夫と長寿命化で、単位床面積あたりの年間二酸化炭素排出量は大きく削減することが可能である。

　近年、建築のライフサイクルのうち、運用と更新に焦点を当てたESCO（Energy Service Company）と呼ばれるビジネスが注目されている。一般に、事務所建築などの場合、構造躯体の物理的耐用年数は60年以上が見込まれる。これに対して、空調設備などの機器の耐用年数は10年〜20年程度と相対的に短く、更新が必要となる。

　ESCO事業とは、建築物の省エネルギー診断をおこない、設備改修計画の立案と設計・施工、さらには改修後の省エネルギー効果の計測・検証をおこなうビジネスで、削減したエネルギーコストから報酬を得る。省エネルギーに関する種々のコンサルティング、システムの保守や運転管理、改修資金の調達などのファイナンスなども手掛けることもある。エネルギーコストの削減を意図したビジネスであるが、省エネルギーや温暖化対策にも寄与する新しい環境産業として関心が高まっている。

3．エネルギー消費と都市の温暖化（ヒートアイランド）

3-1　都市型社会と都市のエネルギー消費

　建築分野のエネルギー消費量の増大は、都市の温暖化という点でも関心が高まっている。わが国における本格的な都市化は、第2次世界大戦後にはじまった。戦後の産業振興として重化学工業に重点が置かれ、結果として1960年頃からの高度経済成長期をうんだ。これは臨海部の工業化であり、産業型公害をもたらすことになるが、同時に雇用と高収入の機会をあたえ、若者層を地方から都市部へとひきよせた。この後、1970年代の2回の石油危機を経て経済は高度成長から安定成長へ移行するが、製造業からサービス業への産業構造の移行があり、都市部への人口の移動はなおも続く。この頃から、産業型公害にかわって、都市への人口集中にともなう、都市型公害とも呼ぶべき環境問題が顕在化しはじめる。大気汚染、水質汚濁、騒音、振動、地盤沈下、廃棄物、日照不足、水不足、緑や水面などの自然の減少などである。

　都市への人口集中とその弊害が指摘されるにつれて、人口密度が高まること自体に問題があるように考えられがちである。分散型都市にくらべて、大都市では環境へ与える影響は格段に大きいが、大都市はそもそも膨大な人口を収容しており、人口1人当たりの環境影響度を考えると、むしろ環境負荷は小さい。つまり、都市の人口密度が大きいほど面積$1m^2$あたりのエネルギー消費量やCO_2排出量は大きいが、人口1人あたりに換算すると、CO_2排出量は人口密度が高いほど小さくなる。ある試算によると、東京大都市圏の人口1人あたりの排出量は、札幌、仙台といった地方の大都市とくらべても半分程度である[竹内ほか 1991]。

3-2　ヒートアイランド

　ヒートアイランド現象とは、郊外にくらべて都心部の気温が高温となり、等温線を描くと、ちょうど島のようにみえるところから名づけられたものである。都心部で気温が上昇する現象は、すでに19世紀にパリやロンドンで報告があるが、最初にヒートアイランドの用語を用いたのは、ダックワース[Duckworth & Sandberg, 1954]のサンフランシスコの観測が最初であると言われている。

　都市は実際に年々暑くなっている。東京の気温の推移（図12：136頁）をみると、年平均気温でこの100年に3.0℃上昇している。地球自体の温暖化がこの100年で約0.6℃との報告があるので、それを差し引く必要があるが、気温上昇は確実である。

　ヒートアイランド現象の主因は、人工排熱量の増加、日射吸収量の増加、水分の蒸発散量の低下による都市の熱バランスの高温側へのシフトである。具体的には、緑地、水面、農地等の透水面が減少したことによる蒸発散効果の減少、舗装面、建築物が増加したことによる熱吸収量・蓄熱量の増大、建築物の凹凸の増加による日射反射率の低下、建築物や自動車からの人工排熱量の増加、建築物の高層化による風速の低下などである（図13：136頁）。

　ヒートアイランドの程度を表す指標の1つにヒートアイランド強度がある。これは「都心部と郊外との温度差」で、東京では8～10℃、中都市で3～5℃、小都市で3℃弱だとの報告がある[吉野ほか 1985]。このヒー

トアイランド強度と都市人口の関係について興味深い研究がある（図14：136頁）。これは気象学者のオークによるもので、ロンドン、ベルリンなどの欧州の諸都市とニューヨーク、モントリオールなどの北米の諸都市で傾向が異なるという。原因は、各都市の単位面積あたりのエネルギー消費量の大小であろう。齋藤によると、日本の諸都市も欧州型に分類できるようだ［齋藤1997］。

このヒートアイランド現象は、風が弱くよく晴れた冬の早朝に最も強く観測されることが知られているが、風が強くなると、ダストドームと呼ばれている都市を覆うようにある熱気団が風で吹き飛ばされ、ヒートアイランドは消滅する。このときの風速を限界風速といい、東京の限界風速は14m/s程度、仙台は8m/s程度であることが報告されている［齋藤1992］。

3-3　ヒートアイランドと弊害

ヒートアイランド現象の弊害は単に都市が暑くなるというだけではない。たとえば、夏季の気温の上昇により、熱中症や心疾患など循環器系の疾患、あるいは睡眠障害など、人の健康への影響が懸念されている。実際に30℃を超える延べ時間数や熱帯夜数は年々増加傾向にあり、これにともなうように高温による救急搬送者数なども確実に増加している。

また、エネルギー消費という点でも、屋外の高温化は建築物の冷房エネルギー消費の増大を招き、その冷房排熱によって都市の気温をさらに上昇させるという悪循環を形成している。気温が1℃上昇することによる最大電力の増加量を気温感応度というが、東京電力によると東京都心部の日最大電力量は気温30℃以上で、1℃あたり電力消費量が5.66%上昇するという報告がある。

さらに、都市気候に与える影響も重要である。ヒートアイランド現象が強くなると、都心部では上昇気流が起こる。地上近くでは郊外から都心部へ大気が流入するが、このとき上空では逆に都心部から郊外へと流れる循環流が発生し、都市全体を包んだ大気が外部へ拡散しないような状態が起こる。このとき、外部との空気のやり取りが極端に少なくなるため、都市内部の有害物質の濃度が増すことになる。

この現象をダストドームと呼んでいる（図15：136頁）。ダストドームの形成によって、粉じんやSO_2などの汚染物質の濃度が上昇し、日射量や相対湿度が減少する。凝結核（水蒸気が水滴となるためのチリなどのエアロゾル粒子）の増加は局所的な降雨量の増大をもたらす。近年の都市豪雨の増加はヒートアイランド現象が一因である。

3-4　ヒートアイランド低減へ向けた取り組み

ヒートアイランドの問題が顕在化するにつれ、国や自治体では積極的な取り組みがはじまった。わが国では2002年3月に閣議決定された「規制改革推進3か年計画（改定）」を受け、2002年9月ヒートアイランド対策関係府省連絡会議が設置され、内閣府と経済産業省、国土交通省、環境省が中心となって、2004年3月に「ヒートアイランド対策大綱」が策定され、人間活動から排出される人工排熱の低減、蒸発散作用の減少や地表面の高温化を防ぐための地表面被覆の改善、緑地の保全や風の通り道の確保・コンパクトな環境負荷の小さい都市の構築、ライフスタイルの改善などの施策に対する方針などがしめされた。

自治体の取り組みも活発化しており、なかでも東京都は先駆的な役割を果たしている。東京都は5つの戦略プログラムの1つとしてヒートアイランド対策を位置づけ、2002年8月に「ヒートアイランド対策推進会議」を設置した。取り組みとしては、敷地面積1,000m^{2}以上の民間施設と250m^{2}以上の公共施設を対象にした屋上緑化を義務づける条例が広く知られているが、その他にも街路樹の整備や遮熱性舗装の推進、公園等クールスポットの整備、河川等水面の確保と創出、都庁舎の人工排熱対策などもおこなっており、高反射塗料によるクールルーフの推進（2006年）、壁面緑化や校庭の芝生化（2005年）の推進、微小水滴の蒸散効果を使ったドライミスト（2006年）などでは助成制度も設けた。

　このほか、「建築がヒートアイランド現象の発生に大きく加担している」として、日本建築学会も2005年7月に「都市のヒートアイランド対策に関する提言」を発表し、「緑化は景観や癒し効果など多様な効果を考慮して総合的に取り組む」「表面温度の低減に効果的な建築資材を選択する」「地域の特性を生かして3次元的な風の導入を図る」などを都市のすべての個人と組織・団体にもとめた。

3-5　ヒートアイランド対策の技術

　最後に、ヒートアイランド対策として注目されている代表的な技術について概説しておく。

クールルーフ　〜屋上緑化と高反射率塗料〜

　屋上緑化や高反射率塗料の塗布により建物屋上の日射熱取得を軽減する方法であり、夏季の冷房負荷が減ることにより人工排熱が削減され、ヒートアイランドを緩和する。

　屋上緑化（図16：136頁）では、緑化による断熱性の向上と、緑樹の蒸散効果が期待でき、最上階の冷房負荷が軽減され、省エネルギー効果が期待できる。屋上緑化には、維持管理が必要な「集約型」と自然に近いかたちで植栽され、ほとんど手を入れなくても維持できる「粗放型」がある。高反射塗料とは、太陽光のうち近赤外線領域を効率的に反射する塗料で、日射熱の遮熱効果による冷房負荷軽減が期待できる。

透水性舗装と保水性舗装

　透水性舗装は、雨水を積極的に地中に浸透させる機能をもった舗装で、透水性舗装材等（表層）の下に浸透層を設け、水をそのまま地下に浸透させる機能をもつ。保水性舗装は、雨水を保水性舗装材に吸収・蒸散させ、舗装面の温度を抑える舗装であり、吸収能力以上の余分な雨水は地中に浸透される機能を有する。いずれも、降雨時の下水や河川への流水量の軽減や植生・地中生態の改善、地下水の涵養等の効果があり、同時に水の蒸発効果によるヒートアイランド緩和が期待できる。一般に歩道、遊歩道、駐車場や公園等で利用される。ただ、強度が弱いため基幹道路等の車道には適していない。

人工排熱の潜熱化

　建築の冷房などの空調排熱を屋外に排出する方法として、エアコンの室外機にように顕熱として排出す

る方法と、冷却塔を用いて潜熱として排出する方法がある。冷却塔では排熱が冷却水の気化熱として排出されるため（潜熱化）、気温を上昇させず、ヒートアイランドの軽減につながる。顕熱型の既存機器を、潜熱型へ改修するための方法が提案されている。

ドライミスト

都市の緑地や水面の面積を増やすことは、コスト的にも時間的にも困難が多い。緑地や水面の持つ水の蒸発散作用を人工的に実現し、外気を直接冷却することを目的に開発されたシステムである。ノズルから噴霧された超微細な水滴の気化熱により、高効率で、外気を2～3℃程度下げる効果がある（図17：137頁）。経済産業省の研究開発事業として著者らのグループが開発したもので2005年の愛・地球博のグローバルループなどで初めて実用化され、各所で採用されはじめている。

コージェネレーションシステム

コージェネレーション（熱併給発電）とは、熱機関を用いて動力と熱を同時に発生させ利用する方法である。熱機関（原動機）、発電機、排熱回収装置の3つの要素から構成され、熱機関としてガスエンジン、ガスタービン、ディーゼルエンジンが用いられ、排熱回収装置には吸収式冷凍機を用いて冷水を製造する方法や熱交換器を用いて暖房、給湯に利用する方法などが一般的である。発電効率は15～45%と決して高くはないが、排熱の回収と利用が効率的にできる場合には、70%を超える総合効率を実現することが可能である。電力にくらべ熱需要の多いホテルや病院に適したシステムである。

風の道

そもそもはドイツのシュトゥッガルト市の都市計画で採用された大気汚染物質の拡散を目的とした対策であるが、後にヒートアイランド現象も対象になった。道路の拡幅や緑地の確保など郊外から都市内へ吹き込む風の通り道を作り、都心部で暑くなった大気を拡散させる。「風の道」の概念は、2000年の環境省の「ヒートアイランド現象抑制のための対策手法報告書」においても紹介され、東京都や名古屋市なども市内河川を使った「風の道」の計画が策定されている。我が国の多くの都市は沿岸にあるため、海風・陸風の利用を意図して、河川を活用した風の道の計画は有効である。

CASBEE（建築物総合環境性能評価システム）

CASBEE(Comprehensive Assessment System for Building Environmental Efficiency、建築物総合環境性能評価システム）（図18：137頁）とは、建築物の環境性能を評価し、格づけする手法である。2001年に国土交通省の主導の下に、(財)建築環境・省エネルギー機構内に設置された委員会において開発が進められ、現在「CASBEE－事務所版」（2002年）、「CASBEE－すまい（戸建）」（2005年）などがある。CASBEEでは、省エネや省資源・リサイクル性能といった環境負荷削減の側面に加え、室内の快適性や景観への配慮といった環境品質・性能の向上といった側面も含めた評価法である。環境性能効率(BEE)

は、以下の計算式により求められ、BEEの値は、環境負荷が小さく、品質・性能が優れているほど評価が高くなり、「Sランク（素晴らしい）」から、「Aランク（大変良い）」「B+ランク（良い）」「B-ランク（やや劣る）」「Cランク（劣る）」という5段階の格付けが与えられる。

$$BEE = Q(Quality) / L(Load)$$

全国自治体のなかで名古屋市が最初にCASBEEを義務化し、その後大阪市など、義務化の動きが全国の自治体に広がりつつある。

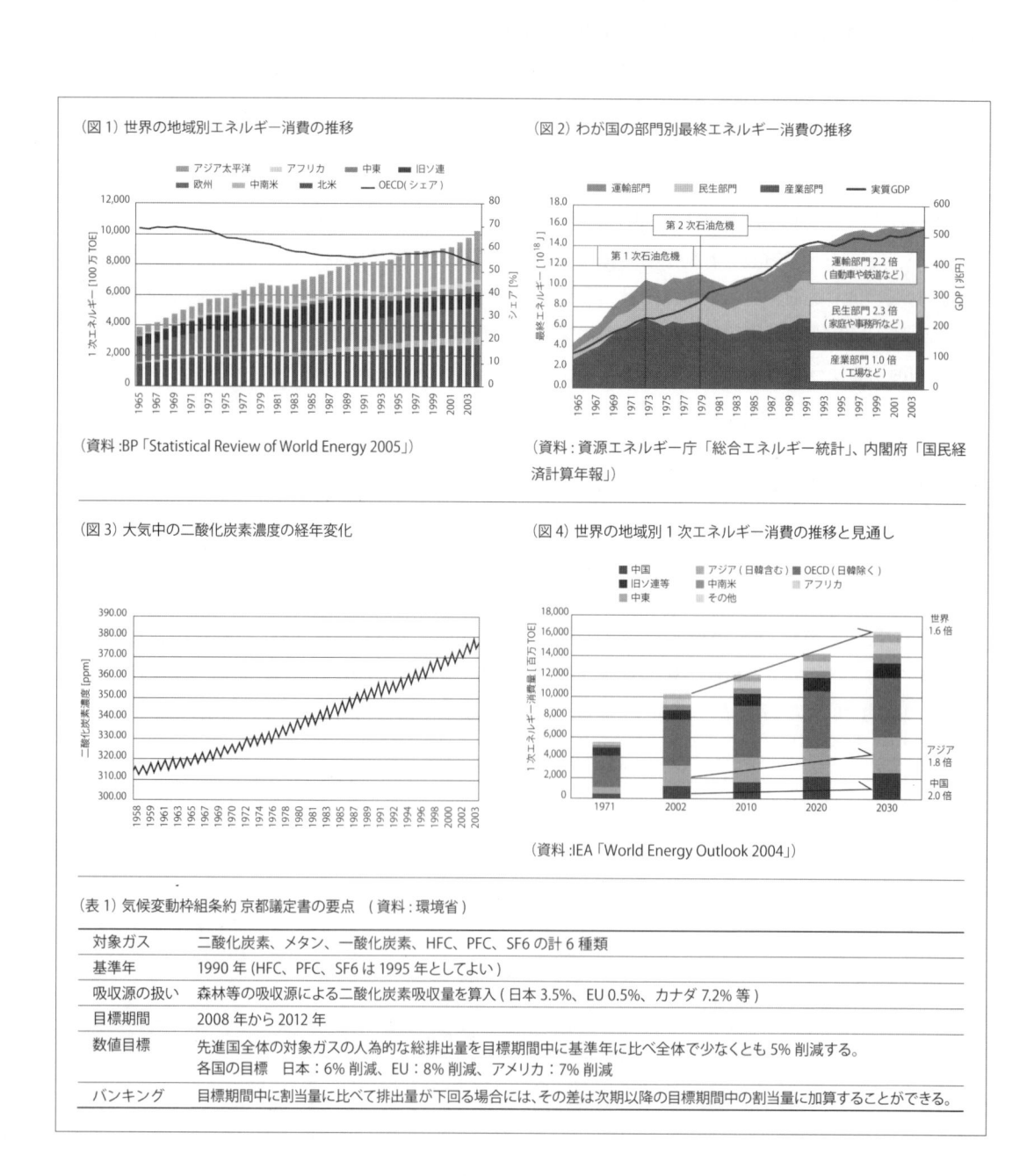

(図1) 世界の地域別エネルギー消費の推移
(資料:BP「Statistical Review of World Energy 2005」)

(図2) わが国の部門別最終エネルギー消費の推移
(資料:資源エネルギー庁「総合エネルギー統計」、内閣府「国民経済計算年報」)

(図3) 大気中の二酸化炭素濃度の経年変化

(図4) 世界の地域別1次エネルギー消費の推移と見通し
(資料:IEA「World Energy Outlook 2004」)

(表1) 気候変動枠組条約 京都議定書の要点　(資料:環境省)

対象ガス	二酸化炭素、メタン、一酸化炭素、HFC、PFC、SF6の計6種類
基準年	1990年 (HFC、PFC、SF6は1995年としてよい)
吸収源の扱い	森林等の吸収源による二酸化炭素吸収量を算入 (日本3.5%、EU 0.5%、カナダ7.2% 等)
目標期間	2008年から2012年
数値目標	先進国全体の対象ガスの人為的な総排出量を目標期間中に基準年に比べ全体で少なくとも5%削減する。 各国の目標　日本：6%削減、EU：8%削減、アメリカ：7%削減
バンキング	目標期間中に割当量に比べて排出量が下回る場合には、その差は次期以降の目標期間中の割当量に加算することができる。

(図5) 原油価格の推移 (アラビアンライト)

(資料:資源エネルギー庁資料)

(図6) 世帯あたりの用途別エネルギー消費の推移 (家庭部門)

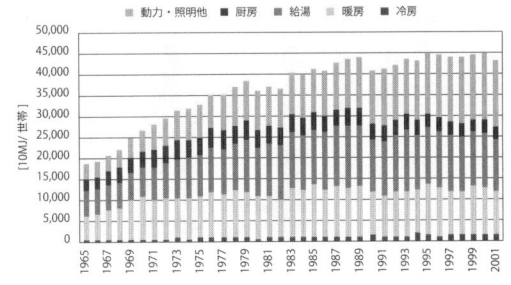

(資料:(財)日本エネルギー経済研究所「エネルギー・経済統計要覧」)

(図7) 業務部門の業種別延べ床面積の推移

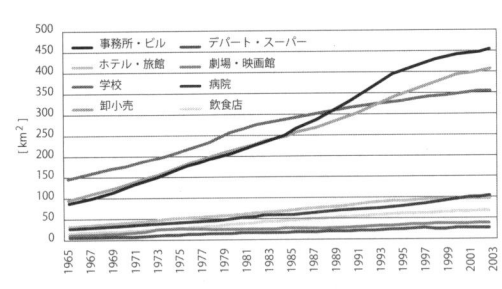

(資料:(財)日本エネルギー経済研究所「エネルギー・経済統計要覧」)

(図8) 業務用エネルギー消費原単位の推移

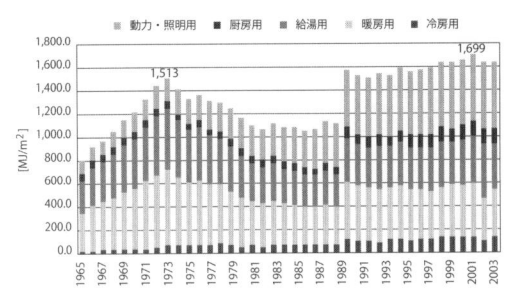

(資料:(財)日本エネルギー経済研究所「エネルギー・経済統計要覧」)

(図9) 住宅の省エネルギー基準 (次世代基準) の地域区分図

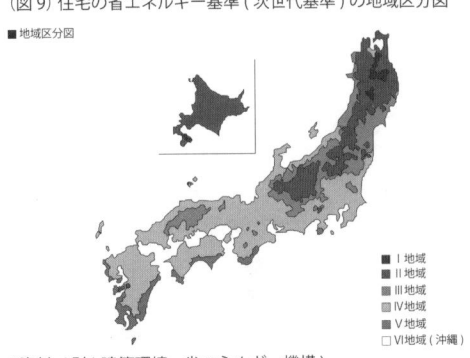

(資料:(財)建築環境・省エネルギー機構)

(図10) 我が国の建築分野の二酸化炭素排出量の割合 (1990年)

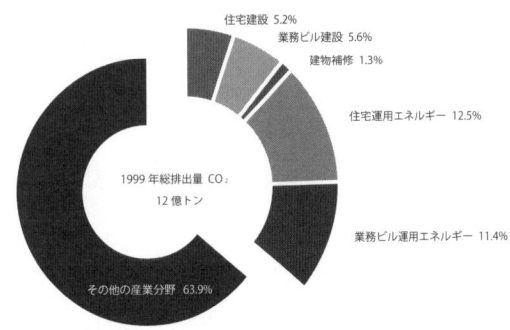

住宅建設 5.2%
業務ビル建設 5.6%
建物補修 1.3%
住宅運用エネルギー 12.5%
業務ビル運用エネルギー 11.4%
その他の産業分野 63.9%
1999年総排出量 CO_2 12億トン

(資料:日本建築学会地球環境委員会・ライフサイクル評価小委員会)

(表2) 住宅の省エネルギー基準 (次世代基準)

基準名と地域		1999年 (次世代基準)					
項目		I	II	III	IV	V	VI
1)	年間暖冷房負荷の基準 [MJ/(㎡・年)]	390	390	460	460	350	290
2)	熱損失係数 Q値 [W/(㎡・K)]	1.6	1.9	2.4	2.7	2.7	2.7
3)	相当すきま面積の基準値 C値 [c㎡/㎡]	2.0	2.0	5.0	5.0	5.0	5.0
4)	夏期日射取得係数の基準値 μ値 [-]	0.08	0.08	0.07	0.07	0.07	0.06

(資料:(財)建築環境・省エネルギー機構)

(表3) 建築主の判断基準 (PALとCEC)1999年

	ホテル・旅館	病院・診療所	物品販売店舗	事務所	学校	飲食店
PAL	420	340	380	300	320	550
CEC/AC	2.5	2.5	1.7	1.5	1.5	2.2
CEC/V	1	1	0.9	1	0.8	1.5
CEC/L	1	1	1	1	1	1
CEC/HW	1.5	1.7	1.7	-	-	-
CEC/EV	1	-	-	1	-	-

(資料:国土交通省)

(図11) オフィスビルのライフサイクル CO_2 試算例

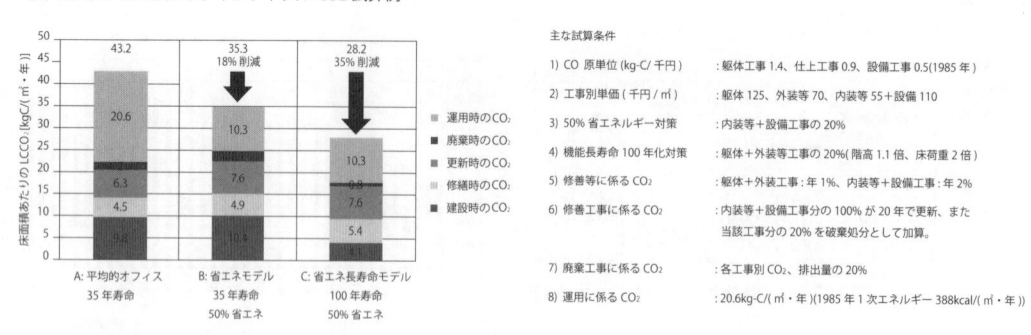

主な試算条件
1) CO 原単位 (kg-C/千円)　：躯体工事 1.4、仕上工事 0.9、設備工事 0.5(1985年)
2) 工事別単価 (千円/㎡)　：躯体 125、外装等 70、内装等 55＋設備 110
3) 50% 省エネルギー対策　：内装等＋設備工事の 20%
4) 機能長寿命 100 年化対策　：躯体＋外装等工事の 20%(階高 1.1 倍、床荷重 2 倍)
5) 修繕等に係る CO_2　：躯体＋外装工事：年 1%、内装等＋設備工事：年 2%
6) 修善工事に係る CO_2　：内装等＋設備工事分の 100% が 20 年で更新、また当該工事分の 20% を破棄処分として加算。
7) 廃棄工事に係る CO_2　：各工事別 CO_2、排出量の 20%
8) 運用に係る CO_2　：20.6kg-C/(㎡・年)(1985 年 1 次エネルギー 388kcal/(㎡・年))

(資料：伊香賀(分担執筆分)：地球環境と都市・建築に関する総合的研究費, 科研費報告書 03302050,1994)

(図12) 東京の年平均気温の推移

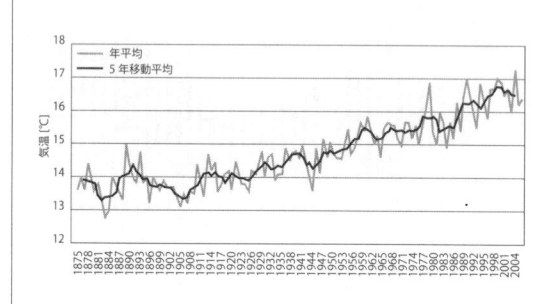

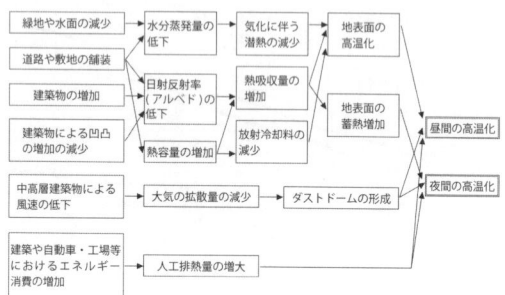

(資料：気象庁気象統計情報)

(図13) 都市化による温暖化要因

(図14) ヒートアイランド強度と都市人口の関係

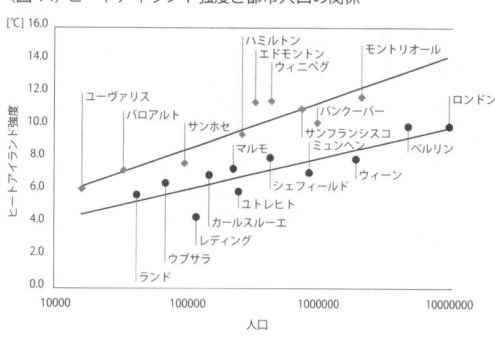

(資料：Oke TR. City size and the urban heat island. Atmospheric Environment 7, 769-779, 1973.)

(図15) ダストドーム

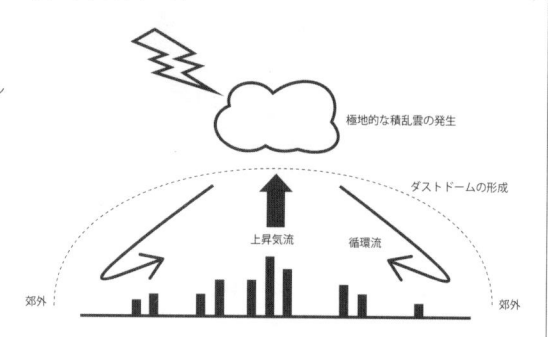

(図16) 屋上緑化の一例(六本木ヒルズゲートタワー)

(図17) ドライミストによるヒートアイランド抑制の概念と「愛・地球博」での適用例

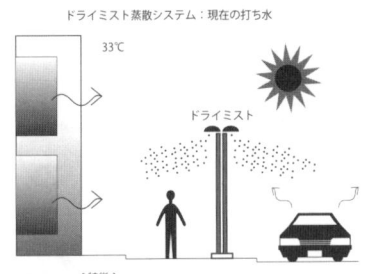

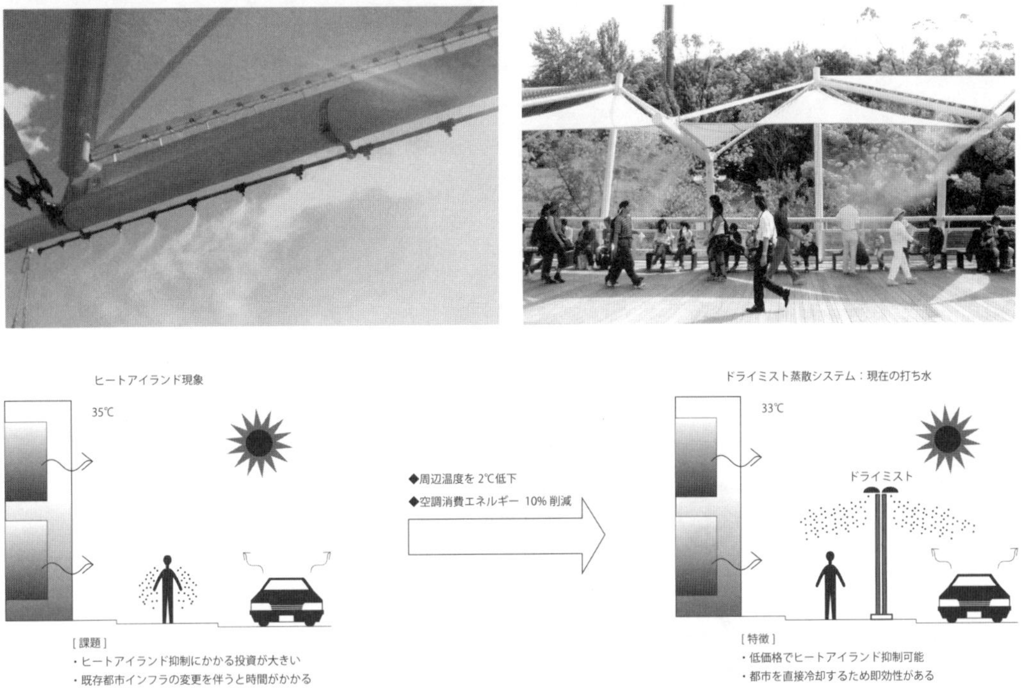

(図18) CASBEE の概念

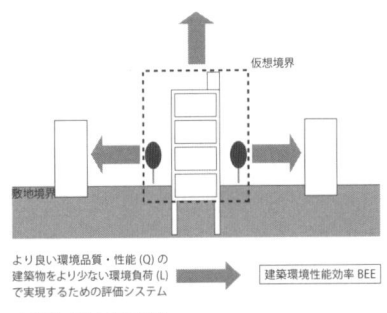

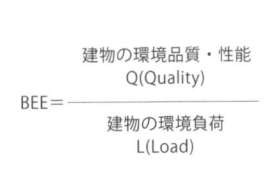

(資料：国土交通省)

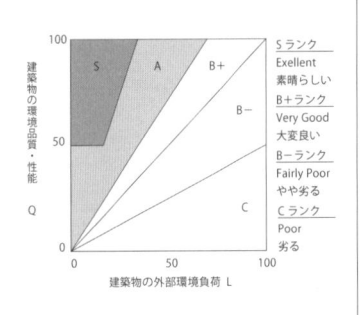

参考文献

BP Statistical Review of World Energy 2005.

Duckworth, F. S. & Sandberg, J. S.. 1954, The effects of cities upon horizontal and vertical temperature gradients. Bull. American Meteorological Society 35: 198-207.

Goldman Sachs, 2003,「Dreaming With BRICs:The Path to 2050」.

OECD/NEA&IAEA . 2003. Uranium 2003: Resources, Production and Demand, OECD/NEA&IAEA.

齋藤武雄、1997、「ヒートアイランド　灼熱化する巨大都市」、講談社。

齋藤武雄、1992、「地球と都市の温暖化」、森北出版

竹内仁、渡辺浩文ほか、1991、「都市における環境破壊要因の影響度に関する比較」、日本建築学会講演梗概集、日本建築学会。

吉野正敏ほか、1985、「気候学・気象学辞典」、二宮書店。

第 11 章 ｜ 身近なことから始めよう環境の課題

野々 康明

1. はじめに

ここに1冊の本があります。『世界がもし100人の村だったら』という本です(＊1)。そこに述べられていることのいくつかを紹介します。

52人が女性で、48人が男性です。30人が子供で、70人が大人です。そのうち7人がお年寄りです。／20人は栄養が十分ではなく、1人は死にそうなほどです。でも15人は太りすぎです。／すべての富のうち6人が59％をもっていて、みんなアメリカ合衆国の人です。74人が39％を、20人がたったの2％を分けあっています。／すべてのエネルギーの80％を20人が使い、80人が20％を分けあっています。／75人は食べ物の蓄えがあり雨露をしのぐところがあります。でも、あとの25人はそうではありません。17人は、きれいで安全な水を飲むことができません。／村人のうち1人が大学の教育を受け、2人がコンピューターを持っています。けれど、14人は文字が読めません。

「グローバルビジョン・スモールアクト」ということばがあります。広く視野を広げて世界を見る、そして身近なできることからはじめようという意味です。すでに世界人口は65億人を突破しました。2050年には93億人にもなると予測されています(＊2)。

環境問題を考えるにあたり、わたしたち、ひとりひとりがどのような社会に属しているか、ほかの人たちがどんな状況下にあるかを知ることは、とても大切です。環境といっても大変幅が広く、『環境白書』の目次を見ても、地球温暖化、大気環境、水環境、土壌環境、地盤環境、廃棄物、化学物質、自然環境など地球規模のテーマからわたしたちの毎日の暮らしに関わるテーマまで多岐にわたっています。本章では、ごみ問題（廃棄物）など、なるべく身近なテーマに焦点をあて環境問題の大切さを知り、ひとりひとりができることから行動することの大切さをつかみたいと思います。

2. 身近なことから環境問題をとらえてみる（知る）

空気、水、食料、エネルギーなど、わたしたちの毎日の生活になくてはならないもの、しかも安全・安心でなければならないものが危険な状態になってきています。

地球がアツくなっている

地球温暖化が問題になっています。炭酸ガスといえば、わたしたちも酸素を吸って炭酸ガスを吐きだすという呼吸を繰りかえしていて身近なはずですが、目には見えません。しかし、日本国中では生産や輸送、販売、コンピューターなどの経済活動や電気、ガス、水道、食事、車などの家庭生活などさまざまなエネルギー消費で1年間に12億8千万トン（全世界では252億トン）も炭酸ガスを排出しているとなると、ただ事ではありません(＊3)。

図1を見てください。地球の長い歴史のなかで、とくに産業革命以降、二酸化炭素（CO_2）が急激に増加していることがわかります。

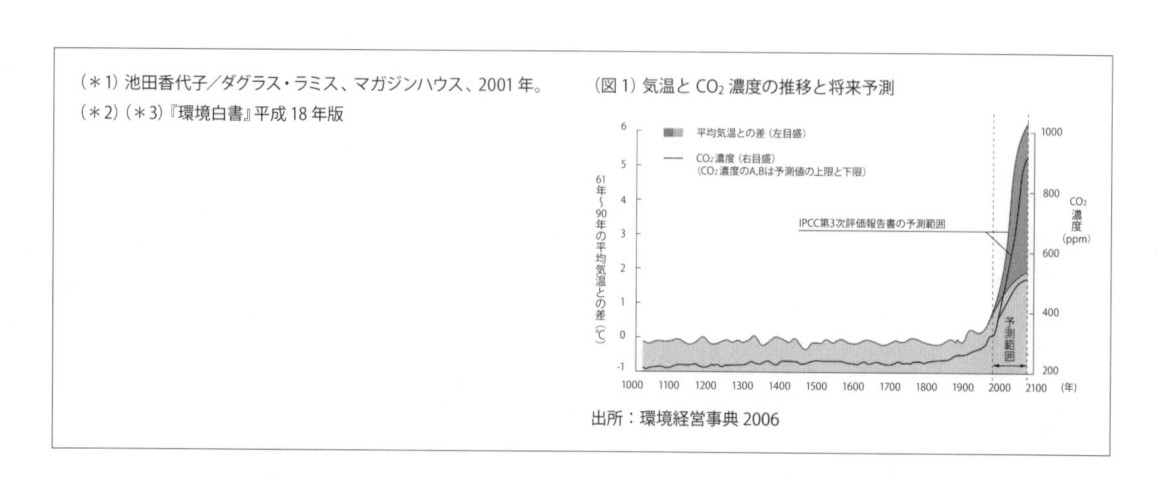

(＊1)池田香代子／ダグラス・ラミス、マガジンハウス、2001年。
(＊2)(＊3)『環境白書』平成18年版

(図1) 気温とCO_2濃度の推移と将来予測

出所：環境経営事典 2006

考えられる主要因のうち、特徴的なことをとりあげてみます。まずは、エネルギーの浪費です。国内には7400万台もの車が走っています（毎年400万台も廃車されていることも問題です）(＊4)。この数字は、世界的にも飛びぬけています。のみならず、船舶も含む運輸部門からは年間2億6200万トンものCO_2を排出しています(＊5)。

　エネルギー消費の多さは車にかぎりません。たとえば、飲料水などの自動販売機の多さも問題です。諸外国ではほとんどなく、比較的多いアメリカといえども路上や屋外にはありません。その自販機が、日本では550万台も設置されているのです。それらが使用している電気は年間約52億kWh（CO_2　211万トン分）にものぼります(＊6)。

　コンビニエンスストアー（コンビニ）は、もはや生活には不可欠な存在となっていますが、全国には4万店（2004年で1990年比310%増）近くもあり、そのほとんどが24時間営業をおこなっています。スーパーや百貨店の3倍強（単位面積当たり）ものエネルギー（電力など）を使い、CO_2でいえば250万トンも排出しています(＊7)。

　省エネタイプの家電製品や自動車が販売されるようになったことは、たしかに評価すべきことですが、結果的には消費電力がかえって増えていることをご存知でしょうか。それは「省エネならちょっと大きめの冷蔵庫を」とか「省エネタイプのクーラーをあちらの部屋にもう1台」、「ちょっと大きめの車にしよう」といった消費者心理が働き、消費電力（エネルギー）が増えてしまうからです。

　地球温暖化を防止するための京都議定書では1990年比6%のCO_2削減が目標となっていますが、このような生活に関連したエネルギー消費が逆に増加していて、8%（2004年）も増えている結果になっています(＊8)。

トン・キロ（km）という新しい単位で考えてみよう

　ここで「トン・キロ」という新しい単位についてふれておきます。物を運ぶとき、これまでは重さ（トン）や距離（km）を別個にあつかってきましたが、今日の環境問題を解決していくために、どれだけの物（重量）をどれだけ（距離）運ぶか、という捉え方の重要性を考慮した単位表記法です。

　これを単位にした「フードマイレージ」という表現が『環境白書』にでてきます。図2をみると、わたしたちの食卓をかざる品々が膨大なエネルギーを使って運ばれてきたものであり、食料輸入大国・日本の現状が理解できます（2001年の日本の食料輸入量は約5800万トン）(＊9)。

ごみ（廃棄物）で日本列島が沈没しそう！

　つぎに毎日発生しているごみ（廃棄物）の実態をみてみましょう。廃棄物処理法（廃棄物の処理及び清掃に関する法律）では「廃棄物とは自ら利用したり他人に有償で譲り渡すことができないために不要になったもの」と定義しています。そして今日、各種のリサイクル法ができ、廃棄物のなかでも再生（リサイクル）可能なものを「循環資源」と呼ぶようになっています。

　法律では廃棄物を産業廃棄物と一般廃棄物に区分していますが、まずは1年間で出てくる廃棄物の量

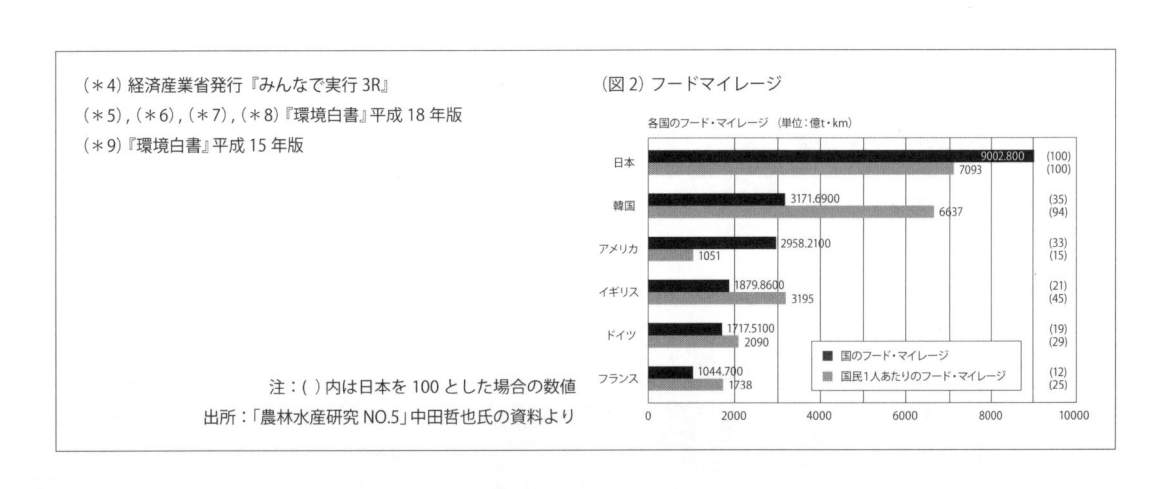

(＊4) 経済産業省発行『みんなで実行3R』
(＊5), (＊6), (＊7), (＊8)『環境白書』平成18年版
(＊9)『環境白書』平成15年版

（図2）フードマイレージ

各国のフード・マイレージ （単位：億t・km）

国	国のフード・マイレージ	国民1人あたりのフード・マイレージ	(国)	(1人)
日本	9002.800	7093	(100)	(100)
韓国	3171.6900	6637	(35)	(94)
アメリカ	2958.2100	1051	(33)	(15)
イギリス	1879.8600	3195	(21)	(45)
ドイツ	1717.5100	2090	(19)	(29)
フランス	1044.700	1738	(12)	(25)

注：( ) 内は日本を100とした場合の数値
出所：「農林水産研究 NO.5」中田哲也氏の資料より

がなんと4億6000万トンもあることを理解しておきましょう。どんな廃棄物があるかは図3を見てください。

産業廃棄物というと、工場などから出る廃棄物というイメージがありますが、量的にいえば、下水道処理施設からでる汚泥（約7500万トン）や家畜排泄物（約9000万トン）など、わたしたちの暮らしと直接に関わっているものが少なくありません。

わたしたちの生活から出るごみやスーパー、レストラン、ホテルなどから出るごみを一般廃棄物といいますが、年間約5200万トンです。国民ひとりあたりに換算すると1100gも、毎日ごみを出している計算になります。しかも驚くべきことにその約80%ちかくが焼却されているのです(＊10)。

食べ物関係の廃棄物（食品残渣）についてもふりかえってみましょう。食品廃棄物が年間2000万トンも捨てられているといいます。「ラーメン1杯分、あるいはカレーライス1杯分を全国民が、毎日毎日捨てているようなもの」と表現されますが、身近なことだけに考えさせられる問題です（平成18年『環境白書』では総供給熱量と総摂取熱量の差が約730kcalと算出）。

外国から見た日本は？

日本は食料自給率の大変低い国です。オーストラリアの230%、フランス130%、カナダ120%、アメリカ119%、ドイツ91%、スペイン90%、イギリス74%、イタリア71%などにくらべ、日本は40%（いずれもカロリーベース）と、わたしたちの命の糧である食料の60%も外国に頼っているのです（輸入金額4兆4千億円）。

そんな食料輸入大国日本で2000万トンもの食品廃棄物があるのですから、今日の食べ物にも事欠く国ぐに（世界の食料援助量は1000万トン）から見たら日本はどのようにうつるのでしょうか(＊11)。

これに関連して、世界の「水危機」と家畜の輸入飼料について考えてみましょう。地球上には約14億km^{3}の水がありますが、ほとんどが海水で、淡水はわずか2.5%しかありません。しかも、そのうち利用可能な淡水は0.01%（10万km^3）にすぎません(＊12)。

日本が輸入している農産物を生産するのに必要な（輸出元現地の）耕地面積は1200万haといわれ、日本の耕地面積の2.4倍にもなります。のみならず、輸入農畜産物に要した水の量は、国内の全水消費量（約900億m^3）の1.1倍（約1000億m^3）にもなるということです。食料を輸入することは同時に輸出国の水を吸いあげているということにもなるのです(＊13)。

国内生産の肉、牛乳、卵を食べれば食べるほど食料自給率が下がっていくという一見奇妙なことがあります。この理由は、日本は家畜飼料（2500万トン）の多く（75%）を輸入しているためです。トウモロコシなどの濃厚飼料は、ほとんどが輸入です(＊14)。

他方、家畜排泄物は年間9000万トンも出てきます。しかし、それらをかえす畑がありません。食料自給率をあげるには、飼料も国内で生産する、といった循環型社会を構築していく必要があります。

(＊10) 日本実業出版社『リサイクルのことがわかる辞典』
(＊11) マガジンハウス『世界がもし100人の村だったら』
(＊12) 『中日新聞』2004年7月4日記事
(＊13) マガジンハウス『世界がもし100人の村だったら』
(＊14) 『食料・農業・農村白書』平成18年版

(＊15) 北海道自然エネルギー研究会『自然エネルギー読本』

水は世界を旅する

日本のエネルギー自給率は 4％しかない、といわれています。しかし、それは石炭とか石油、天然ガス、ウランなど現在使われているエネルギーに関してのことであり、事実、日本はそれらの資源に乏しい国です。

現在、ソーラー発電とか風力発電、燃料電池、水素エネルギー、エタノール燃料など、21 世紀の新しいエネルギー技術の開発が急ピッチで進行しています。こうしたエネルギーが実用化されると、自給率は一変します。中東などの石油基地からではなく、日本がもつ自然の恵みが、21 世紀のエネルギー源となりうるからです。

太陽から地球に届くエネルギーは 1 秒間に約 30 兆 kcal というとてつもなく大きく、地球上で最大のエネルギーです。1 時間分で 1 年間に地球上で使われているエネルギーと同等の量にもなります（＊15）。しかし、単位面積当たりで比較すると電気やガソリンなどのような大きな熱量ではありません。それをソーラー発電などで利用可能なエネルギーに変えようとする新技術の開発が進行中です。たとえば、風力発電や小水力発電が、あちらこちらでまわっています。「太陽光で焼いたパンです」という喫茶店も登場しはじめました。

地球は薄い太陽エネルギーを濃縮して蓄えるすばらしい仕組みを持っています。水の循環と、森林などの植物が太陽の薄いエネルギーを濃縮して蓄える仕組みをもっているのです。

わたしたちにとって水は身近なものですが、実はすごい物質なのです。水は固体、液体、気体という変化を、わたしたちに見せてくれます。この変化が実はエネルギーを蓄えたり放出したりしているのです。

海から蒸発した水（太陽からエネルギーをもらい気体になる）は上空（山）で雨（液体）となり降り注ぎます（高地にたまった水は位置エネルギーとして太陽エネルギーを蓄えます）。この水が海に流れていくときにその位置エネルギーをもらって水力発電をまわし、結果としてわたしたちは太陽エネルギーをもらうのです。植物は直接太陽エネルギーをもらい、また水を吸収し太陽エネルギーを凝縮して蓄えるのです。CO_2 も吸収してくれます。

21 世紀の新しいエネルギーは、こうした太陽と地球の仕組みからエネルギーをいただこうという技術開発なのです。もちろん、わたしたちや動物たちの飲み水として、植物を育ててくれる水としてなくてはならない資源です。そのしくみが崩れつつあるのは深刻なことです。

3．できることから環境に良いことをやってみる（行動する）

21 世紀になって大きく時代が変化しはじめました。大量生産、大量消費、大量廃棄という資源浪費型社会から資源循環型社会への移行です。循環型社会をつくっていくうえで、わたしたちの暮らしのあり方が大変大きな影響力をもつことになります。

人びとの意識の変化

「もったいない」ということばが広がりはじめました。「スローライフ」、「スローフード」、「ロハスなくらし」

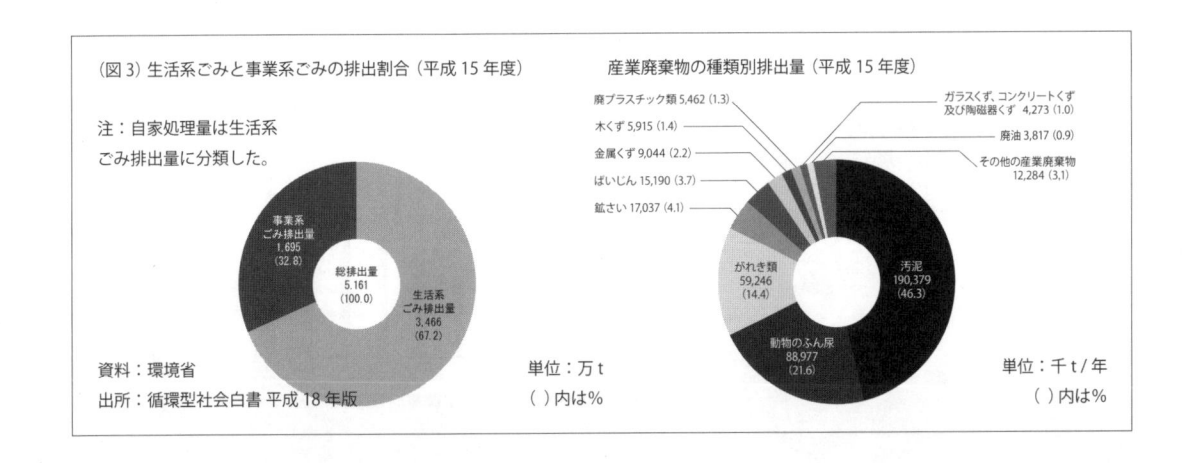

（図 3）生活系ごみと事業系ごみの排出割合（平成 15 年度）

注：自家処理量は生活系ごみ排出量に分類した。

- 事業系ごみ排出量 1,695 (32.8)
- 総排出量 5,161 (100.0)
- 生活系ごみ排出量 3,466 (67.2)

資料：環境省
出所：循環型社会白書 平成 18 年版
単位：万 t
（ ）内は％

産業廃棄物の種類別排出量（平成 15 年度）

- 廃プラスチック類 5,462 (1.3)
- 木くず 5,915 (1.4)
- 金属くず 9,044 (2.2)
- ばいじん 15,190 (3.7)
- 鉱さい 17,037 (4.1)
- ガラスくず、コンクリートくず及び陶磁器くず 4,273 (1.0)
- 廃油 3,817 (0.9)
- その他の産業廃棄物 12,284 (3.1)
- 汚泥 190,379 (46.3)
- がれき類 59,246 (14.4)
- 動物のふん尿 88,977 (21.6)

単位：千 t／年
（ ）内は％

なども普及しつつあります。「消費は美徳」などといった20世紀の風潮とは反対の、「シンプルライフ・イズ・ベスト」的な時代が到来しているのです。

家庭からでる生ごみを調べてみると、そのうちの3割もの家庭で、開封されていない食品や調理されずに廃棄された食材などが含まれていたという報告があります(*16)。賞味期限の表示がされるようになり、未開封（未使用）のまま捨てられるケースが増えているからです。衝動的な無駄な買い物をしない、食べられる分だけ買う、買ったら必ず食べる、こんなことからまずは気をつけましょう。第一、冷蔵庫は物をたくさん入れるとそれだけ多く電気も使います。

ちょっとやってみるといいこと

牛乳パックを洗って乾燥させ、切り開いて10枚、20枚と束ねてみましょう。すると必ずや「捨てればごみ、生かせば資源」という標語が実感できます。

1回で捨ててしまう乾電池は、年間30億本も使用されているといわれています(*17)。充電できる電池（2次電池）などに換えると1本で500回〜1000回使用できます。小さなソーラーパネルのパーツが売られているので、オリジナルな小型太陽エネルギー充電器をつくってみませんか。この充電器は電源不要ですから、外出しても太陽光さえあれば使用できます。

シャンプーやリンスなどの詰め替え用商品が増えてきました。ごみかごをのぞくと、包装容器などのプラスチック類が実に多いことがわかります。バイオプラスチック（生分解性プラ）が開発されつつありますが、リサイクルシステムもできてきたので、まずは分別して資源にしましょう。「分別すればこそ資源」です。

名古屋勤労市民生協では97.5%の買い物袋持参率で年間約490万枚のレジ袋が節約されています。牛乳パック（170トン）、卵パック（46トン）のリサイクルもおこなっています(*18)。

図4を見てください。ペットボトルがすごい勢いで増え続けていることがわかります。リサイクルも進んでいますが、約半分は捨てられています。少し減らす工夫はないものでしょうか。

食料輸入大国の日本ですが、急速に地産地消（その地域で取れたものを利用すること）が広がっています。ちょっと近くの直売所をのぞいてみませんか。全国には3000箇所もの直売所ができ、1772億円もの農産物が販売されています。前述したフードマイレージで計算すると、輸入品にくらべ10分の1になるそうです(*19)。今全国で「マイバッグ」、「マイボトル」、「マイ箸」が広がってきていることは大変うれしいことです。

4. 貴重な資源が再利用されている事例紹介（学ぶ）

まずは、わたしたちひとりひとりが身近な、できることから取り組むことがなにより大切なことですが、それだけでは循環型社会は実現しません。社会全体の仕組み（システム）の変化と、再資源化の技術が必要です。

たしかに21世紀に入って循環型社会形成推進基本法もできました。また、それらに必要な新しい技術開発も急ピッチで進んでいます。しかし、もっとも大事な条件整備が遅れています。それはお互いが協

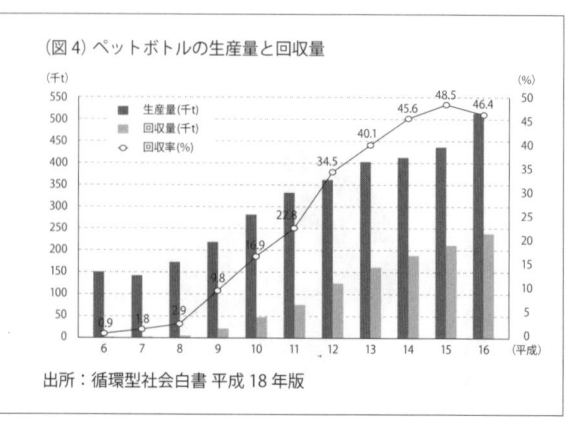

(*16)（財）省エネルギーセンター『食の省エネブック』
(*17) 日本実業出版社『リサイクルのことがわかる辞典』
(*18) めいきん生協『環境報告書』
(*19)『環境白書』平成18年版

（図4）ペットボトルの生産量と回収量

出所：循環型社会白書 平成18年版

同すること、ネットワークのしくみづくりです。

　従来は、ややもすると「競争の原理」で競いあう社会でしたが、環境の取り組みは協同連携することなしには解決しません。ここでは、企業が連携して貴重な循環資源の再利用を実現している事例を取りあげます。そのひとつが、循環資源再生利用ネットワーク（略称しげんさいせいネット）です。

　このネットワークは生協や農協、食品メーカー、畜産家、農業生産者、リサイクル事業者、運搬企業、機械メーカーなど循環型の事業システムに必要な企業で構成した会員制の組織（中間法人法に基づく非営利組織）です。

　食品メーカーから出る廃棄物（循環資源。食品残渣や廃プラスチックなど）を飼料や堆肥、エネルギーに再生し、農家や企業に使ってもらい、新たに生産された農畜産物を消費者に提供する事業システムです。

価値観の転換、新しい基準、約束が必要

　20世紀の高度経済成長時代は、廃棄物は産廃処理業者に任せて目の前からなくなれば、それでよし、とされてきました。21世紀に入った今日では排出者責任が問われ、リサイクルが求められるようになりました。それなしには企業活動ができなくなってきました。

　排出企業にはこれまでの価値観を転換して環境に配慮した事業活動をおこなうことが求められるようになっています。ごみ（廃棄物）ではなく資源という捉え方、焼却とか埋め立てという処分ではなく製造（再生）するという考え方と、使うコストも処分する費用としてではなく、生産する費用としてとらえるという価値観の転換です。ゴミ箱にポイや、外へ放り出すのではなく、きちんと分別し、腐敗しない対策などをおこない、次の製品の原料となるような扱いが必要です。とくに飼料としての活用には、家畜の生命、それを食べる人間の健康にも関わることですから、十分な安全対策が必要です。

　システムの組み立て方は排出側の都合からではなく再生品（リサイクル品）の利用者の要望を聞くことからはじめます。そしてそれをつくるにはどんな原料（循環資源）が必要か、どんな再生技術が必要かを検討し、それに沿って排出企業と相談していきます。そして、おたがいの役割と責任を約束しあうことで循環型の事業システムが成立するのです。

　こうして、従来お互いがバラバラだった企業を連携させていく取り組みをこのネットワークは進めています。

リアルタイムな需給調整機能が必要

　一方、排出企業には排出企業の事情があります。さまざまな廃棄物がでます。生産工程の変動にともなって廃棄物の種類も量も一定ではありません。とりわけ食品循環資源は水分を含んでいて時間の経過とともに腐敗がはじまります。毎日の排出量も中身も一定ではありません。しかし、飼料などは毎日一定量を必要とします。これらをリアルタイムに調整していく機能が必要になってきます。

　図5（148頁）を参照ください。飼料にできるものは飼料に、できないものは堆肥またはバイオガスプラントへ、廃プラスチックは燃料化へといったチャンネルを持ち、ただちにリサイクルのルートが指示されるシステムが必要です。しげんさいせいネットの重要な役割のひとつがこの調整機能です。

環境にやさしい新しい技術の開発

　これまでの生産活動の見直しをおこない、省エネルギーの生産工程、環境に配慮した設計やリサイクルしやすい設計、廃棄物を極力少なくする生産管理などが進みつつあります。あわせて廃棄物の再生についても新しい技術がどんどん開発されてきています。

　とはいえ、従来のようなコストがかかる再生では意味がありません。しげんさいせいネットはこうした先端技術の情報をいち早く収集し、会員企業に提供し、共同研究し、導入していく役割をもっています。大切なのは、排出、再生、利用がつながる導入であることです。

ぬれたものはぬれたままに（食品循環資源の飼料化）

　しげんさいせいネットは、リキッドフィーディング（液状飼料）システムという日本では新しい養豚システムを導入しています。ヨーロッパで普及している養豚技術です。

　食品残渣（食品循環資源）は、ほとんどが水分を含んでいます。リキッドフィーディングは、エネルギーコストをかけて乾燥などの処理をせず、「ぬれたものはぬれたままに」というローコストな再生と利用の考え方にもとづいています。同時に家畜にとっても、通常の乾燥飼料にくらべ、おいしい食事（飼料）となります。

　できた飼料は水分約75％のスープ状発酵飼料のため、消化吸収がよくストレスがたまりません。ヨーグルト状の発酵飼料は家畜の健康管理にも役立ち、おいしい肉ができます。消化吸収がよいため排泄物が減少します。臭気も減少します。

　牛用のサイレージ（乳酸発酵飼料）もつくります。豚は人間と同じように消化液で食べ物を消化し吸収しますが、牛や羊、ヤギは４つの胃袋を持っていて微生物が胃の中で活躍し、食べ物を消化していきます。ヨーロッパや北海道の牧場の一角にとんがり屋根のサイロのある写真を見たことがあると思いますが、このサイロに牧草を詰めてサイレージをつくっています。胃の中の微生物を増やし、元気にさせるのがこのサイレージです。

　この原理に学んで、食品循環資源のもつ水分を上手に活用して乳酸発酵のサイレージをつくります。豚はわたしたちとほぼ同じものが飼料となりますが、牛は繊維質の多いものが必要です。食品循環資源もうまく使い分けして有効活用します。

21世紀型循環型農業をつくる

　食品残渣の活用が野菜、果物にも良い効果が出るということがわかりました（図6）。食品に含まれる微量要素がおいしい農産物をつくります。化学肥料ではできないおいしさです。

　この事例はお店から出た魚や野菜の残渣を発酵肥料にし、契約農家で使ってもらい、収穫された農産物が再びそのお店にもどってくるという循環型システムです。

　お店の惣菜部門からは廃食油もでますが、家庭から出る廃食油両方のリサイクルの挑戦が始まりました。いま全国に「菜の花プロジェクト」が広がっていますが、めいきん生協では2006年から組合員と産

（図6）循環型農業システムづくり
　店から出た野菜、魚くずを乾燥し、肥料工場で発酵肥料を作ってもらいます。それを使って農産物生産をし、再び元のお店で消費者に販売します。循環型の産直（地産地消）システムです。

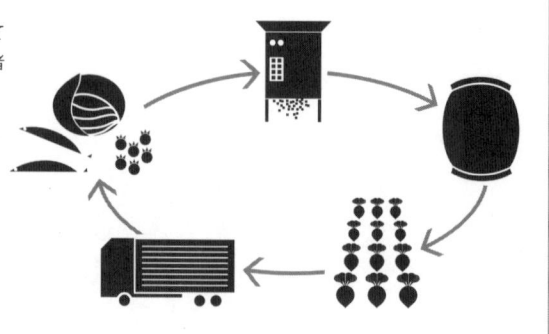

直生産者が協同して菜の花を栽培し、菜種から食用油をつくり使用後の廃食油をエマルジョン燃料にしてトラクターに使用する資源循環型の仕組みづくりをはじめました。

　エマルジョン燃料とは油と水と界面活性剤を混合して細粒化して造る燃料で、燃焼効率がよく排ガスもクリーンになります。生物系の資源を「バイオマス」と呼びますが、そのエネルギー化技術が進んでいます。

5．よびかけ（まとめにかえて）

　環境問題を考えることはわたしたちの日常生活に不可欠な課題ですが、ややもすると「とりあえず不自由なく暮らしている」「環境問題が大切だとはわかっているが、急に変わるわけではないし」と1日、1日が過ぎていきます。

　環境破壊は、すでに現在に影響を及ぼしつつありますが、なによりも大切なことは「未来の子どもたちにわたしたちは、なにを残せるか」を考えてみることです。

　ここではできるだけ身近な事例を取り上げ、概況や簡単な説明にとどめていますので、読者のみなさんには、なにかテーマを絞って詳しく研究していただくことを期待します。また、みなさんひとりひとりがすぐにでもできることがたくさんあります。環境にやさしい暮らしのあり方や省エネルギーの方法など今、各種のガイドラインが出ていますので参考にしてください。そして是非実行してほしいと思います。

　最後に「バックキャスティング」という手法を紹介します。複数の未来のなかから、ありたい未来を定め、今なすべきことを考える手法を「バックキャスティング」といいます。これは、現在考えられる事象の延長線上に将来を考える「フォアキャスティング」に対する考え方です。「バックキャスティング」の考え方が、未来を創るには不可欠なのです。

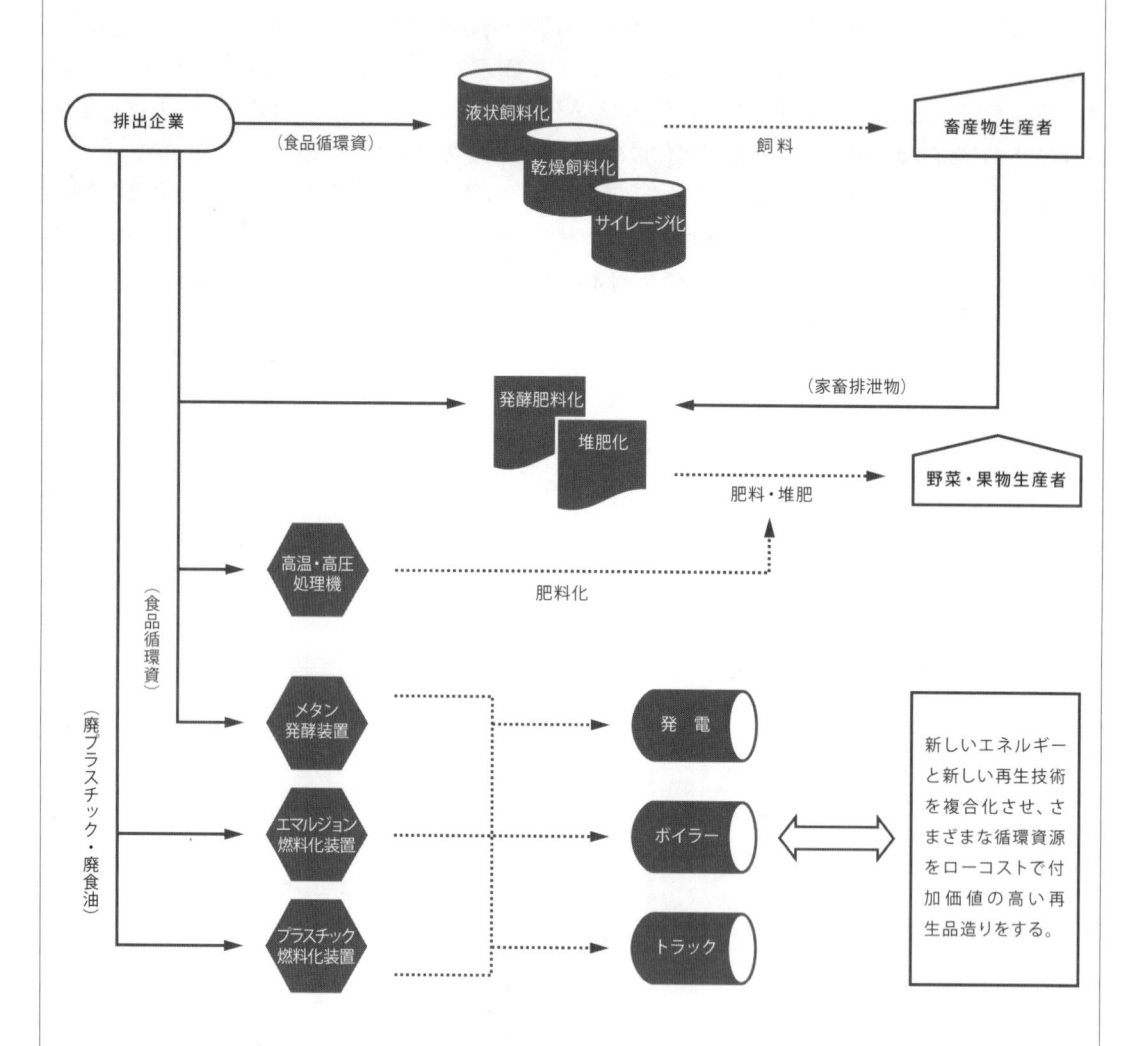

(図5) 多様な循環資源の再生と利用の仕組み（需給調整システム）

フロー図の各事業の主体者は会員企業です。さまざまな廃棄物（循環資源）がすみやかに再生のルートに乗り、再生品が利用者に届くリアルタイムなネットワークシステムが不可欠です。このシステムを持つことと、各企業が協同連携すること、できるだけ近い地域内流通で物が流れるようにすることが成功につながります。愛知県、岐阜県、三重県、長野県、静岡県各県内のネットワークをつくっていきます。

第12章 地方自治体における
環境行政の移り変わりと協働の時代
名古屋市を事例として
増田 達雄

1. はじめに

　地方自治体における環境行政の重点施策は、昭和40年代の公害問題にはじまり、平成初期のごみ問題、そして近年の地球温暖化問題へと遷移してきた。その過程において、環境行政での市民・事業者・行政の三者の立場や役割も、当然ながら変化してきている。

　たとえば公害問題では、高度成長期の事業者の活動が市民に被害をあたえ、行政はその規制を遅ればせながら強化するにいたったが、その一方でごみ問題では、事業者には製造者責任、市民には排出者責任、行政は適正処理責任などというように、三者それぞれが当事者として位置づけられた。

　本稿では、名古屋市役所における環境行政の変遷について、組織改革や法令改正の事例を検証し、これからの環境行政における市民・事業者・行政の協働の必要性について考えてみたい。

2. 名古屋市役所における環境行政の変遷

2-1　組織の変遷

　名古屋市において環境行政を所管するのは環境局である。14の課室、23の公所をもつ環境局には、1800人を超える職員が属しており（平成18(2006)年 現在）、自宅前でのごみの収集から、CO_2の削減など地球規模の環境問題まで幅広い事業をおこなっている。

　そもそも環境局は、公害対策を中心に環境行政を所管していた環境保全局と、ごみの収集・運搬・処理（焼却・埋立）を担当していた環境事業局が、平成12(2000)年4月に統合した組織である。

　環境保全局の前身は、昭和46(1971)年に発足した公害対策局である。昭和30年代後半から全国的に公害問題が指摘され、名古屋市においても冬期に連日スモッグが発生するなど、大気汚染、水質汚濁、騒音等の公害が深刻な時代であった。国においては、昭和42(1967)年に「公害対策基本法」を制定し、昭和45(1970)年末のいわゆる「公害国会」では、14の公害関係法が成立するなど関係法令の整備がなされた。このような時代に名古屋市にも公害対策局が設置され、大幅に増えた公害行政事務をになうこととなった。

　その後、平成4(1992)年のブラジルのリオ・デ・ジャネイロで開催された国連環境開発会議（地球サミット）も契機となり、自然環境の保全や地球環境問題に関する環境行政が重要視され、国においては平成5(1993)年に「公害対策基本法」が廃止され、「環境基本法」が制定された。このような時代状況のなか、名古屋市も平成4年に公害対策局を環境保全局に名称変更したのである。

　他方、環境事業局の前身は、昭和32(1957)年に設置された清掃局である。当時の清掃局は、ごみとし尿の収集、処理の業務が中心であった。その後、下水道の普及によりし尿業務が減ったものの、その反面、高度経済成長によりごみ量の増加がいちじるしくなり、ごみ処理中心の環境行政をになっていた。昭和47(1972)年には、国が「清掃法」を廃止し、「廃棄物の処理及び清掃に関する法律」が施行されたことをうけ、昭和49(1974)年に清掃局から環境事業局へと改組された。

2-2 条例の変遷

　名古屋市における環境行政に関する基本条例は、「名古屋市環境基本条例」(以下「市環境基本条例」)であり、名古屋市における環境保全に関する基本的な理念や施策の方向性を規定している(＊1)。その個別条例には、「市民の健康と安全を確保する環境の保全に関する条例」(以下「市環境保全条例」)、「名古屋市廃棄物の減量及び適正処理に関する条例」(以下「市廃棄物処理条例」)などがある。

　また、名古屋市では、法令にもとづく具体的な施策の計画として、「名古屋市環境基本計画」や「名古屋市一般廃棄物処理基本計画」を定めている。名古屋市ではこうした長期計画にそって毎年度の予算を編成し、議会の承認を経て、個々具体的な事務事業を実施している。次節以降では、「市環境保全条例」および「市廃棄物処理条例」の改正過程における、市民・事業者・行政の三者の関係について考えよう。

2-3 「市環境保全条例」の改正と三者の関係

　高度経済成長期、危機的な状況にあった産業型公害(＊2)に緊急に対処するため、昭和48(1973)年1月、大気汚染物質の排出規制、地盤沈下対策を目的とした地下水採取規制をおもな内容とする「市公害防止条例」が制定された。このような公害に関する各種法律にくわえ、「市公害防止条例」による規制、事業者による技術開発、設備投資などの努力により、産業型公害の対策については一定の成果を挙げることとなった。

　しかしながら、その後の都市化の進展、社会経済情勢の変化等を反映し、環境問題の態様が大きく変化し、これまでの「市公害防止条例」では、こうした今日的な環境問題に適切に対応することが困難となってきた。そこで、「現在及び将来の世代の市民が健康で安全な生活を営むことができる良好な環境を保全することを目的」(「市環境保全条例」第1条)として、平成15(2003)年3月、「市公害防止条例」を全面的に改正し、「市環境保全条例」として公布した。

　「市環境保全条例」には、工場・事業場(＊3)に対する公害防止のための規制措置のほか、「事業者の自主的な取組の促進」「市民の日常生活における環境への配慮」「環境に関わる各種情報の市民への積極的な提供」など、新しい視点に立って、環境への負荷の低減に資する幅広い内容がもりこまれた。

　「事業者の自主的な取組の促進」では、化学物質適正管理書、建築物環境計画書、地球温暖化対策計画書の作成など、事業者による自主的な取組みの一層の促進をはかっている。また、「市民の日常生活における環境への配慮」では、都市生活型公害、地球温暖化問題に対応するため、市民の日常生活における行動にも環境への配慮(アイドリング・ストップの義務づけ、家庭用を含めた小型焼却施設の原則禁止など)をもとめている。さらに、「環境に関わる各種情報の市民への積極的な提供」では、市民・事業者・市が、環境に関する問題意識を共有し、それぞれの責任と役割を果たしながら、自主的な取組みを実践していくことができるように相互の連携と協働、円滑なコミュニケーションの確保に努めている。このように同条例は、市民・事業者・市が協働して、健康で安全な生活を営むことができる良好な環境を保全することをめざしているのである。

(＊1) 地方自治体の条例は、「日本国憲法」第94条において「法律の範囲内で条例を制定することができる」と規定されている。つまり、全国一律に適用される法律に反しない範囲で、地方自治体の議会が地域の実情に即した条例を制定することができるのであって、当然、法的には両者に拘束されることになる。

(＊2)「産業型公害」とは、産業活動に伴って発生する公害で、「都市生活型公害」(自動車による二酸化窒素汚染、閉鎖性水域における生活排水等による水質汚濁など)を除くものをいう。

(＊3)「工場」とは、継続的に一定の業務としての物の製造又は加工のために使用される事業所。「事業場」とは、工場以外のすべての事業所をいい、そこでおこなわれている事業活動が営利を目的としているか否とを問わない。

2-4 「市廃棄物処理条例」の改正と三者の位置づけ

　ごみ処理関係を規定する「市廃棄物処理条例」は、昭和29（1954）年に公布施行した「名古屋市清掃条例」（以下「市清掃条例」）がはじまりである。「市清掃条例」は、ごみや屎尿の処理手数料の金額を定めるために規定したものといえる。昭和47（1972）年に「市清掃条例」は、「名古屋市廃棄物の処理及び清掃に関する条例」に名称変更がなされた。この時点でもわずか全9条の規定しかなく、あいかわらずごみ処理手数料を定めるために規定されたものであった。

　平成期にはいると全国的にごみ問題が深刻化し、単に「ごみを片付ける」という時代から「ごみの減量」という時代になった。国も、平成4（1992）年に「廃棄物の処理及び清掃に関する法律」を大幅に改正し、国民・事業者・行政（国・地方公共団体）のそれぞれの立場での責務を法に明記した。その後、ごみに関しては、「容器包装リサイクル法」（平成7（1995）年施行）、「家電リサイクル法」（平成10（1998）年施行）など、矢継ぎ早にごみ問題対策の法整備を進め、拡大生産者責任の導入という観点を含めるなどの三者の役割を明らかにしていった。

　名古屋市では、平成5（1993）年に従来の条例を全面改正して「市廃棄物処理条例」を制定した。改正前は全9条であった条文を36条にし、条例の名称も「処理及び清掃」を「減量及び適正処理」に改正し、ごみの減量を全面に掲げた条例とした。また第2章において、「第1節　市による廃棄物の減量（第7条）」、「第2節　事業者による廃棄物の減量（第8～10条）」、「第3節　市民による廃棄物の減量（第11・12条）」と三者の役割を節ごとに明記した。

　とくに「ごみ」という問題については、市民の日常生活に直結したものであり、市民ひとりひとりの取組みが大きく左右するものである。また、消費者でもある市民の動向は、事業者をも動かす力になり得ることであり、三者がそれぞれの立場を理解して行動しなければ、その解決には結びつかない問題だと言える。つまり、ごみ行政に関するかぎり、家庭から排出された後の処理処分という行政が担ってきた部分よりも、ごみになるまでの市民や事業者の行動が重要となってきており、環境行政としても市からの一方的な施策の展開ではなく、市民や事業者に行動をもとめる施策のウェイトが高まってきたのである。このことが、後で述べる「協働」へと向かうはじまりとなったと言えよう。

3. 環境行政における協働
3-1　自主的な行動のために

　前節で述べたように、環境行政においては、国や地方自治体の一方的な施策の実施だけでなく、市民・事業者・行政の三者が、それぞれの立場でのかかわりを理解し、それぞれの責務を果たすことが重要となってきた。最近では、「協働」という言葉でそれをあらわし、それが環境問題を解決していくための重要な鍵だと考えられている。

　平成8（1996）年に制定した「市環境基本条例」の前文には、「……すべての市民の参加と協働により、人と自然が共生することができる健全で恵み豊かな環境を保全するとともに、人と都市の活動を環境への負荷の少ないものに変えていくことにより持続的発展が可能な社会をつくりあげていくことを決意し、

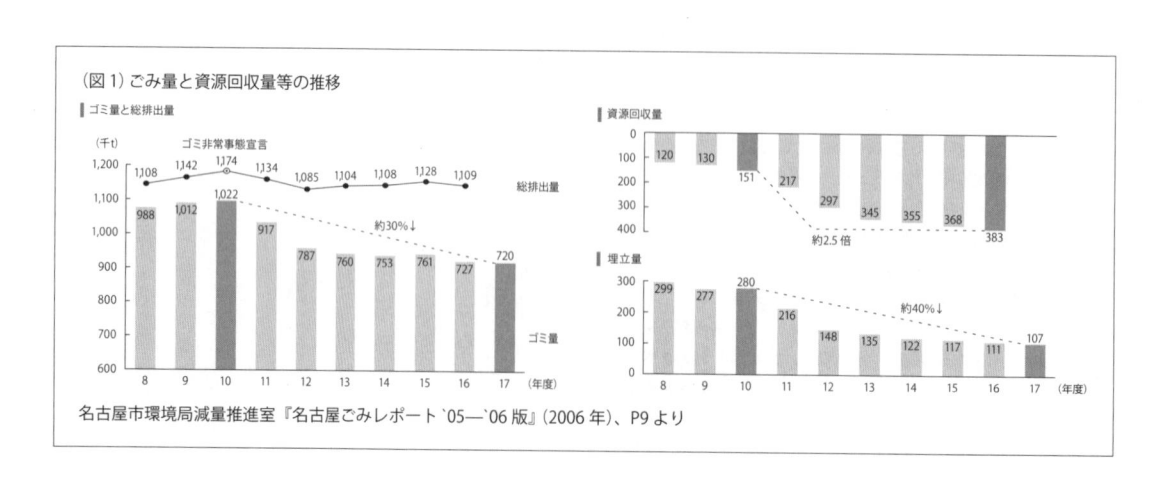

（図1）ごみ量と資源回収量等の推移

名古屋市環境局減量推進室『名古屋ごみレポート`05―`06版』（2006年）、P9より

ここに、この条例を制定する」と規定され、すでに「協働」が名古屋市の環境行政の基本条例に位置づけられていたことがわかる。

しかしながら、立場を理解し責務を果たす市民と事業者との協働は、行政がおしつけるものではない。市民・事業者みずからが環境問題について考え、その必要性を理解しなければ、自主的な行動は生じえない。今日の環境行政の大きな課題のひとつは、この協働を促進していく仕組みづくりにある。

3-2 ごみ非常事態宣言による協働の始めの大きな一歩

名古屋市のごみ処理行政は、平成11（1999）年2月の「ごみ非常事態宣言」を契機に大きな転換期をむかえた。そして、結果的にこの転換期こそが、協働への第一歩であるといえる。

同年1月、名古屋市は、一般廃棄物の最終処分場として建設計画を進めていた西1区埋立事業を中止した。いわゆる「藤前干潟の埋立断念」であり、単にごみを処分するという行政から、市民もごみ減量で協働することにより、干潟という自然環境の保全と共存する行政を選択したのである。このことは、市の環境行政が自然環境重視という価値観の変革という面と、ごみの分別・リサイクルをきっかけに協働を実践する市民を生み出したという面の、2つの点で大きな転換期であった。

藤前断念により埋立場所をなくした名古屋市は、ごみの大幅減量を余儀なくされ、同年2月に「ごみ非常事態宣言」を通して実情を率直に伝え、20世紀中の2年間で20％、20万トンのごみ減量、いわゆる「トリプル20」の目標に向け、市民に大胆な協力を依頼した。その後の2年間、市民や事業者とともに新たなごみの分別に挑戦し、全国的にも大都市では不可能と言われていた容器包装リサイクル法の分別収集を完全実施した。

その結果、2年間で20万トン、23パーセント減という、困難と考えられていたごみの大幅削減が達成できた。平成17（2005）年度には図1で示したようにごみ量は平成10（1998）年度の約7割に、最終処分場での埋め立て量は約4割となり、藤前干潟の埋め立てを回避した非常事態を当面、まぬがれることができた(図1)。

このように劇的にごみ減量が実現した大きな要因としては、次のような市民・事業者の変化があると考えられる。

まずは、市民・事業者が「危機意識を共有」したことである。「ごみ非常事態宣言」前後、連日、新聞・テレビなどのマスコミが名古屋のごみ問題を報道し、行政における通常の手段では到底実施できないほどの広報がなされたこともあり、市民にごみ問題の危機意識が浸透した。さらに行政は、新しい分別排出方法を周知するために、21万世帯が参加した約2300回にわたる住民説明会や、市内各所で市長みずからが分別指導の先頭にたち直接住民にお願いすることで、市民・事業者がそれぞれの責務を意識するにいたった。この時、当初は「十万件の問い合わせ、苦情、悲鳴が市役所に殺到」(＊4)していたが、日がたつにつれ苦情から理解を示す内容が多くなっていった。はじめは「しかたなく協力」していた市民も、「これくらいは当然かも」と変化したのである。

つぎに、「地域からの盛りあがり」が自発的に生じたことである。新たなごみの分別を導入した当時、ご

(＊4)『「なごや環境大学」環境ハンドブック2005』「なごや環境大学」実行委員会、平成17（2005）年、P175

みの集積場だけでなく喫茶店などあちらこちらで、市民同士がごみについて会話している状況がうまれるようになった。しかもその会話は、分別に詳しい市民が自発的にほかの市民に教えているものがおおく、危機意識の共有により、自然と協働する市民が誕生しはじめていた。そして、「名古屋市保健委員」(*5)など地域の役員を中心に、自前の看板や収集日のカレンダーを作成し、資源の集積場での分別指導が活発におこなわれていった。つまり、市民同士が自分たちの問題としてみずから解決しようという行動に変化し、事業者も、自社内の分別や資源化の徹底、ごみになりにくい営業形態や商品販売などの「創意ある取組み」をおこなうように変化したのである。

3-3 「名古屋市環境基本計画」における協働の位置づけ

名古屋市は、平成18(2006)年7月に「第2次名古屋市環境基本計画」(以下、「市環境基本計画」)を策定した。この計画では、ごみ減量先進都市としての成果をあげてきた効果をさらに増幅させるため、「市民・事業者の積極的な環境への取組みを、より一層促進するとともに、協働して「環境首都なごや」の実現をはかるためには、今まで以上に三者が情報などを共有し、意見交換やネットワークづくりなど、相互のコミュニケーションを円滑にし、ごみ減量を支えた「協働」を二酸化炭素排出量削減など、すべての環境問題についての取組みへと、さらに発展させていくことが重要」(*6)としている。つまり、市民・事業者・行政の具体的な行動において、「協働」することに重点をおいている。

そもそも「協働」とは、「市環境基本計画」によれば「市民・事業者・行政など立場の異なる主体が、お互いの特性や役割を認めあいながら、自主性を尊重した対等の立場で、共通の目的を達成するため相互に協力・協調して、行動し、その成果を共有することであり、具体的には、相互に情報を共有し、ともに学び合い、できることから実践していくこと」(*7)であり、「三者の各主体が自主的に環境保全に向けた取組みをおこなうとともに、施策の各段階でそれぞれが持っているものを「持ち寄る」こと」(*8)が必要としている。そのイメージを図にすると以下のようになる(図2)。

つまり、三者が、環境情報をもちよって環境情報の共有化をはかり、課題・人材・ノウハウ・資金を提供しあうことにより、協働の場づくりを促進し、改善策を持ち寄って協働の成果の点検・評価・改善をはかる、というプロセスで協働を推進していくことが期待されているのである。

3-4 協働の仕組みづくり

これからの環境行政において地方自治体が担うべき仕事は、三者の協働を促進していくことである。名古屋市では、協働の促進に必要な「環境情報の共有化」と「協議の場・協働の仕組みづくり」を進めており、「市環境基本計画」によるとそのおもな事例は次のとおりである(表1)。

行政は、こうした協働の仕組みづくりを促進し、市民・事業者がそこに参画し、行動する社会づくりを今日の重点施策として展開している。

また、名古屋市では、「市環境基本計画」の個別計画として、「第2次名古屋市地球温暖化防止行動計画—プラン「みんなでへらそう CO_2」」を平成18(2006)年7月に策定した。わが国の京都議定書にお

(*5)「保健委員」とは、「名古屋市保健委員規則」に基づき委嘱された者で、ごみのマナーの指導や資源収集での指導などのほか、環境保全に関する業務も担っている。
(*6)『第2次名古屋市環境基本計画〜ともに創る環境首都なごや〜』名古屋市環境局環境都市推進課、平成18(2006)年、P8
(*7)『第2次名古屋市環境基本計画〜ともに創る環境首都なごや〜』名古屋市環境局環境都市推進課、平成18(2006)年、P8
(*8)『第2次名古屋市環境基本計画〜ともに創る環境首都なごや〜』名古屋市環境局環境都市推進課、平成18(2006)年、P9

ける温室効果ガスの排出削減目標は、1990年比マイナス6％であるが、名古屋市では国の目標を上回る、マイナス10％の独自目標をこの計画で掲げている。そして、名古屋市の独自目標を達成するため、市民・事業者などの各主体に下図（図3）の行動の取組みをもとめている。

4．おわりに

　今日の地方自治体におけるあらゆる施策は、行政からの一方通行ではなく、「市民参加」が必要不可欠と考えられている。とくに環境行政においては、「市民参加」を発展させた「協働」が強くもとめられている。「協働」社会を確立するためには、自分の未来の子孫のためにより良い地球を残さなければならないという当事者意識を、市民ひとりひとりが強くもち、環境問題に正面から向き合う社会にならなければいけないであろう。「持続可能な発展」(Sustainable Development)の意識をすべての市民がもつことが、「協働」の社会を生み、あらゆる環境問題の解決策にもつながるのではないか。

　名古屋市では、公害問題やごみ問題を経て、市民・事業者・行政の三者の役割がしっかりと位置づけられてきた。とくに、ごみの非常事態時には、市民・事業者の自発的行動がはっきりと確認でき、三者間の協働が形になりつつある、全国でも特筆すべき地方自治体であるといえる。さらに、平成17（2005）年の「2005年日本国際博覧会」の開催により、この地域の住民の環境に対する関心は確実に高まっている。

　つまり、名古屋市は、今後の環境行政において不可欠な「協働」がすでに育ちつつある都市であり、より良い形の「協働」を確立することが可能な地域であるといえる。

　今後は、市民・事業者の行動に、産業界や大学などの技術や研究成果を加えながら、産・学・民・官などの幅広い「協働」により、あらゆる環境問題の解決に向けた仕組みを構築していくべきである。そして、その仕組みをこの地域から全国に発信していくことが望まれる。

（図2）もちよりによる協働のイメージ

名古屋市環境局環境都市推進課
『第2次名古屋市環境基本計画
〜ともに創る環境首都なごや〜』
（2006年）、P9より

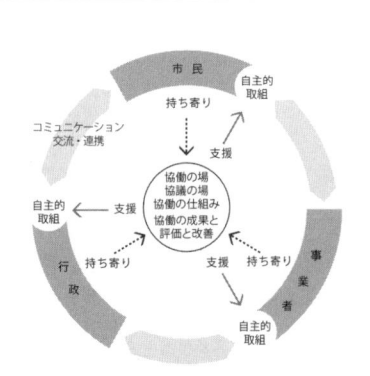

参考文献

『公害対策の歩み』名古屋市公害対策局、昭和57年
『なごやの清掃事業』名古屋市環境事業局、昭和57年
『名古屋ごみレポート`05―`06版』名古屋市環境局減量推進室、平成18年
『第2次名古屋市環境基本計画〜ともに創る環境首都なごや〜』名古屋市環境局環境都市推進課、平成18年
『第2次名古屋市地球温暖化防止行動計画、プラン「みんなでへらそうCO2」』名古屋市環境局地球温暖化対策室、平成18年
『「なごや環境大学」環境ハンドブック2005』「なごや環境大学」実行委員会、平成17年
松原武久『なごや環境首都宣言〜トップランナーは、いま〜』ゆいぽおと、平成18年

(表1)

なごや環境大学	「環境首都なごや」そして「持続可能な地球社会」を支える「人」づくり、「人の輪」づくりを目的として平成17年（2005年）3月から開講。市民、企業、大学、行政の協働により、まちじゅうをキャンパスに市民講座を展開しています。
環境デーなごや	市民・事業者・行政が環境問題をともに考え、相互の協働により、より良い環境づくりを進める機会として、平成12年度（2000年度）から毎年開催しているイベントです。
市民編集員制度	「第3次一般廃棄物処理基本計画」に掲げる「率直でオープンなごみ行政」の推進方策の一つとして、市民の知りたいことを市民の目線と言葉で伝えるために行政が設置したものです。公募市民を含む市民編集員が本市のごみ行政に関する広報案を作成し、公表しています。
なごや東山の森づくりの会	東山動植物園を含む東山公園と平和公園で進められている「なごや東山の森づくり」において、市民・企業・行政の協働を担う組織として設立。現在、森の手入れや総合学習・観察会などを行っています。
容器・包装3R推進協議会（市内共通還元制度「エコクーぴょん」）	市民・事業者・行政の協働による容器包装の削減を推進するため、消費者団体・事業者団体の代表などで構成している協議会。買い物の際、レジ袋を断るなど環境にやさしい行動をするとシールが一枚もらえ、これを20ポイント集めると50円の買い物券として利用できる市内共通還元制度「エコクーぴょん」を平成15年（2003年）10月から実施しており、市内スーパー、ドラッグストアなどが参加しています。
エコポイント制度	環境にやさしい行動を行った人にポイントを付与し、それを集めることでエコ商品と交換したり、植樹などの環境保全活動に寄付したりする制度。現在は市内にあるエコマネーセンターと連携しながら、行動に対する一定のメリットを還元することにより、取組の促進を図っています。

名古屋市環境局環境都市推進課『第2次名古屋市環境基本計画〜ともに創る環境首都なごや〜』(2006年)、P14.15より

(図3) 各主体の行動

市　民	取組方針 "環境にやさしい意識"を"行動"へ	事　業　者	取組方針 CO$_2$削減で社会に貢献
	・エコライフの実践 ・省エネルギー機器の購入、住宅の高断熱化 ・新エネルギーの導入 ・環境にやさしい商品の購入 ・ゴミの減量（発生抑制・リユース・リサイクル） ・生け垣整備、屋上緑化、緑化活動への参加 ・エコドライブの実践 ・低公害・低燃費車の利用 ・公共交通機関の利用 ・地球温暖化への理解 ・地域における環境保全活動への参加		・環境負荷の少ない事業活動（体制整備、把握、評価、公表）の推進 ・従業員への環境教育の実施 ・省エネルギーの行動実施 ・省エネルギー機器の購入、建物の高断熱化 ・新エネルギーの導入 ・環境にやさしい商品の購入 ・ゴミの減量（発生抑制・リユース・リサイクル） ・敷地内緑化、壁面緑化、屋上緑化 ・エコドライブの実践 ・低公害・低燃費車の利用 ・物流の効率化 ・マイカー通勤の自粛 ・地域における環境保全活動への参加 ・環境にやさしい製品やサービスの開発と提供 ・環境情報の提供
NPO等	取組方針 協働のムーブメントづくり	本　市	取組方針 各主体の取組の支援と率先実行
	・各主体間の情報交換 ・それぞれの取組の企画・運営などへの参加		・計画の策定 ・率先行動 ・各主体の取組支援 ・情報発信・普及啓発 ・環境教育・環境学習 ・協働の仕組みづくり ・省資源・省エネルギー型のまちづくり

名古屋市環境局地球温暖化対策室『第2次名古屋市地球温暖化防止行動計画、プラン「みんなでへらそうCO2」』(2006年)、P50より

著者紹介

第1章　**森島 紘史**（もりしま・ひろし）
1944年生まれ。芸術工学部・教授。専門は視覚情報デザイン／国際協力。農産廃棄物バナナ仮茎を無薬品で紙・布に再生利用する技術開発、バナナ生産国への技術移転を行うと共に、生産ゼロエミッション・デザインシステムについて研究している。主な著書に、『バナナ・ペーパー 持続する地球環境への提案』、『和紙のデザイン』ともに、（単著、鹿島出版会）など。

第2章　**藤田 美保**（ふじた・みほ）
1946年生まれ。システム自然科学研究科教授。専門：本来は錯体化学、現在は電池化学関連（リチウムイオン電池）が主です。最近の論文（佐野教授らと共著）: "Improved LiMn2O4/Graphite Li-Ion Cells at 55℃", *Electrochem. and Solid-State Letters*, 10, A270-273 (2007)。専門とは別に「化石燃料の動向」、「原子力発電関連問題」等に強い関心を持っている。

佐野 充（さの・みつる）
1951年生まれ。名古屋大学大学院環境学研究科教授。専門は環境・エネルギー問題を対象に、人類が持続的に生存し、社会が発展するためのシステムについて、情報技術を援用し研究している。主な著作に、『原子・分子の現代化学』（共著、学術図書、1990）などがある。

第3章　**内藤 能房**（ないとう・よしふさ）
1942年生まれ。大学院経済学研究科・教授。専門は経済発展論・アジア経済論。経済発展の順調な国はなぜうまくゆき、そうでない国はどこに問題があるのだろうか、また、現在の地球環境制約下において「持続可能な開発」はどのようになされるべきなのかといった開発問題を考究している。おもな著作に、『発展の現代理論』（共著、現代書館、1989）、「ASEAN ─インドネシアの光と陰」（『アジアの経済的達成』、東洋経済新報社、2001）などがある。

第4章　**赤嶺 淳**（あかみね・じゅん）
1967年生まれ。人文社会学部・准教授。専門は東南アジア地域研究／海洋民族学。東南アジアと日本の島嶼社会を中心に地球環境主義と地域社会の資源利用慣行のバランスについて研究している。おもな著作に、Foodand Foodways in Asia: Resource, Tradition and Cooking（共著Routledge, 2007）、『資源人類学8─資源とコモンズ』（共著、弘文堂、2007）などがある。

第5章　**井上 禎男**（いのうえ・よしお）
1971年生まれ。人文社会学部・准教授。専門は行政法学、憲法学。特に放送・通信法制、情報公開・個人情報保護法制を中心に研究。おもな著作に、憲法教育研究会編（共著書）『それぞれの人権（第3版）』（法律文化社・2006年）、「フランスにおける個人情報保護第三者機関の機能と運用」『人間文化研究』5号（2006年6月）、「『視聴覚通信』領域における独立規制監督機関の役割」『季刊行政管理研究』No.119(2007年9月)などがある。

第6章
第7章　**向井 清史**（むかい・きよし）
1949年生まれ。経済学部・教授。専門は農業経済論／非営利経済論 主な著作に、『沖縄近代経済史』（日本経済評論社、1988）、『地域資源の保全と創造』（共著、農山漁村文化協会、1995）がある。

第8章　**鈴木 賢一**（すずき・けんいち）
1957年生まれ。芸術工学部・教授。専門は建築計画学／子どものための環境デザイン。地域における学校の計画・設計、病院での小児療養環境デザイン、まちづくりワークショップなど実践を通じた研究活動を行っている。「子どもたちの建築デザイン」（農文協、2006）、愛知県人にやさしい街づくり特別賞（2006）、こども環境学会論文奨励賞（2007）など。

第9章　**奥田 郁夫**（おくだ・いくお）
1953年生まれ。芸術工学部・教授。専門は環境経済論。近年、アメリカ合衆国の環境政策を主たる研究対象としている。業績には、発表論文「アメリカ合衆国の公有放牧地における生態系「保全」政策について─「放牧地改革'94」を事例として─」（『芸術工学会誌』No.42、2006年）などがある。

第10章　**原田 昌幸**（はらだ・まさゆき）
1968年生まれ。芸術工学部・准教授。専門は 建築環境工学／環境心理学。建築・都市空間と人との係わり、照明や空調の制御技術、省エネルギー手法などについて研究している。おもな 論文に、Field experiments on energy consumption and thermal comfort in the office environment controlled by occupants' requirements from PC terminal, Building and Environment, 6p, 2006 などがある。

第11章　**野々 康明**（のの・やすあき）。
1943年生まれ。名古屋勤労市民生活協同組合顧問。大学時代より生活協同組合運動に参加。「よりよき生活と平和のために」がライフワーク。現在はそれと密接な関係にある「環境問題」に関連する「(法人)循環資源再生利用ネットワーク」の理事長スタッフを務める。

第12章　**増田 達雄**（ますだ・たつお）
1963年生まれ。1985年名古屋市役所（南区保険年金課）採用。1989年環境事業局作業課に異動し、総務課・施設課・市長室などを経て、2005年5月から環境局環境都市推進部主幹（環境教育の総合的推進）。名古屋市環境学習センター、なごや環境大学実行委員会事務局などの職務を担当。

環境問題への多元的アプローチ －持続可能な社会の実現に向けて－	
発行日	2008年3月31日
編者	名古屋市立大学現代GP実行委員会
発行人	前田哲次
発行・発売	KTC中央出版　〒111-0051 東京都台東区蔵前2-14-14
	電話 03-6699-1064　FAX 03-6699-1071　URL http://www.chuoh.co.jp/
	本社　〒465-0093 名古屋市名東区一社4-165
デザイン	森島紘史
レイアウト	小石川拓朗
表紙・扉イラスト	細川直祥
印刷・製本	株式会社 廣済堂

内容に関するお問い合わせ、注文などはすべてKTC中央出版までおねがいします。乱丁、落丁本はお取り替えいたします。
なお、本書の内容を無断で複製・複写・放送・データ配信などすることは、かたくお断りいたします。

ISBN 978-4-87758-359-0 C3040　© Nagoya City University 2008, Printed in Japan